视频大数据
移动机会传输研究

吴红海 著

科 学 出 版 社

北 京

内 容 简 介

　　本书主要涵盖视频大数据机会传输的最新研究进展和应用成果，从实用性的角度出发，对视频机会传输的关键技术进行介绍和分析，以推动视频大数据机会传输的发展和产业化进程。全书共9章，全面系统地介绍移动机会网络及视频传输相关的技术及算法。第1章主要讲述移动机会网络的研究背景、演化过程。第2章讲述移动机会网络中数据传输的模式及方法。第3章从应用角度讲述视频机会传输的需求及研究现状。第4～8章分别介绍视频机会传输的包调度策略、路由算法、激励机制和副本控制机制。第9章是对视频机会传输与边缘计算融合的展望。

　　本书可供高等院校计算机和通信类相关专业的研究生学习，也可供网络技术和视频传输的研究人员参考。

图书在版编目（CIP）数据

视频大数据移动机会传输研究 / 吴红海著. —北京：科学出版社，2023.12
ISBN 978-7-03-071323-0

Ⅰ.①视… Ⅱ.①吴… Ⅲ.①移动网-数据传输技术-研究
Ⅳ.①TN929.5

中国版本图书馆 CIP 数据核字（2022）第 006431 号

责任编辑：孙伯元 / 责任校对：崔向琳
责任印制：师艳茹 / 封面设计：无极书装

科 学 出 版 社 出版
北京东黄城根北街 16 号
邮政编码：100717
http://www.sciencep.com

北京科印技术咨询服务有限公司数码印刷分部印刷
科学出版社发行　各地新华书店经销

*

2023 年 12 月第 一 版　开本：720×1000　1/16
2024 年 9 月第二次印刷　印张：12 1/4
字数：247000

定价：**110.00 元**
（如有印装质量问题，我社负责调换）

前　言

　　移动机会网络是一种基于移动终端和短距无线通信技术，借助人或其他载体的移动性，通过设备间的机会接触进行数据投递的一种网络形态。移动机会网络在本质上仍属于移动自组织网络，但其以泛在的移动设备为基本单元，无须部署和免维护的优点使其具有广阔的应用前景，但相较于传统网络中特定部署的网络节点，非受控的移动终端设备也给数据传输带来革命性的挑战。因此，移动机会网络成为近十年来在网络领域被大家广泛关注的课题。

　　网络的意义在于进行信息传输。视频数据由于其内容的丰富性和直观易读性一直是非常重要的信息载体。但是，随着移动智能设备的普及，丰富的硬件资源使得对视频数据的感知和获取也越来越便捷，各种应用和服务对视频的传输需求使得视频数据已经成为移动互联网中占据绝对主体的数据类型，且仍呈现快速增长的趋势。海量的视频数据传输需求给传统的移动网络带来了很大压力，同时增加了相关企业和用户的使用成本，限制了视频相关应用的发展和服务的推广。充分利用智能终端间的机会接触，通过移动机会网络进行视频数据的传输不仅能够以更加便捷、低廉的方式为公众提供服务，还可以实现对传统无线通信网络的流量卸载。但很遗憾，目前该方面的研究工作仍然非常有限。

　　作者近十年来一直从事移动机会网络视频传输技术的研究，并希望通过本书对这些年的工作进行梳理，以引起更多学者对该技术的关注。本书首先系统地对移动机会网络的研究背景、演化过程进行讲述，并按照研究内容对相关工作进行简单综述，给出典型的应用场景。在对机会网络概述的基础之上，本书围绕数据传输问题，分别从传输模式、一般数据的机会路由算法等方面对机会传输相关的关键技术进行综述。机会网络是移动自组织网络的延伸，其在网络特征上有相关性，在研究工作上又有借鉴性，因此在完成对一般数据传输相关技术的介绍之后，对传统移动自组织网络中视频数据传输面临的挑战、编码技术和路由算法进行介绍，并引出移动机会网络中视频机会传输所面临的挑战和需求，然后对研究现状进行介绍。目前，与视频机会传输相关的研究工作较少，本书以作者的研究工作为基础，围绕视频机会传输问题，分别从视频数据包调度策略、视频机会路由算法设计、视频协作传输激励机制、视频机会传输副本控制策略等方面详细介绍作者在该领域的研究成果。边缘计算是近年来备受关注的领域，随着研究的深入和边缘界限的下沉，边缘计算和移动机会网络在传统网络的边缘必然会进行融合，因此本书最后对边缘计算的发展演化进行概述，并对融合后的视频应用场景进行简单描述，以作者的视角列出可能成为学术界和工业界关注的关键技术。

在本书撰写过程中，北京邮电大学马华东教授给予了广泛的指导和关注，同时相关研究也得到了北京邮电大学刘亮教授、赵东教授、傅慧源教授，河南科技大学邢玲教授、马华红副教授，河南师范大学袁培燕教授等的大力支持，在此对他们表示衷心感谢。此外，研究生桑倩倩和樊奕铮等在本书撰写过程中协助进行公式、图片的排版和绘制，参考文献的整理，在此一并表示感谢。

本书由国家自然科学基金项目（61772175，61771185，62072158）、中国博士后科学基金项目（2018M632772）支持出版。

由于作者水平有限，书中难免存在不妥之处，敬请读者提出宝贵意见和建议。

目　　录

第1章　移动机会网络

1.1　研究背景

　　人类在无线通信、计算机和微电子等领域的巨大进步促使物联网技术诞生，并推动着互联网及其相关应用飞速发展[1-5]。基于世间万物互联互通的理念，物联网把人类的物理世界网络化、信息化，并对传统的、分离的物理世界和信息空间进行互联和整合。物联网代表着未来网络的发展方向，引领着信息产业革命的第三次浪潮[6]，其相关技术在全球范围内得到学术界和工业界的广泛关注。美国、日本等发达国家也把物联网的发展及其在各个领域内的应用提升到国家发展战略的高度，对物联网的研究已经成为各国竞争的焦点和新的制高点。鉴于物联网对国民经济发展的重大意义，我国也把对物联网相关理论和技术的研发、部署及应用上升为国家战略[7-9]。

　　物联网的价值在于能够实现对物理世界的泛在感知和透彻理解，从而完成对物理世界和信息世界的互联与融合。通信技术和传感器技术的发展为这种可能性奠定了坚实的基础，人们开始通过部署各种有线传感器网络和无线传感器网络来完成对各种信息（温度、湿度、细颗粒物、二氧化碳浓度、图像、音视频等）的感知、收集、传输和处理[10-12]。在这种为了完成特定任务而部署的传感器网络中，传感器节点的位置比较固定，网络拓扑很少发生变化，路由一经建立就会保持相对稳定，因而数据的收集和传输也比较简单，例如，可以预先通过汇聚树协议（Collection Tree Protocol，CTP）[13]来生成汇聚节点对数据进行收集和上传等。为了克服固定网络结构在节点部署和运维中面临的困难，人们开始考虑用移动的节点来进行动态组网并实现高效的数据传输，移动自组织网络（mobile ad hoc network，MANET）[14,15]应运而生。尽管节点的移动性给网络的部署带来了更多的灵活性，但动态的拓扑结构却给数据传输带来了更多的挑战，因此针对移动自组织网络的大量研究都是围绕高效的路由算法展开的，人们也提出了很多经典的路由算法，如AODV[16]、DSR[17]、LAR[18]、LSR[19]等。

　　尽管固定部署的传感器网络能够很好地完成对指定信息的感知、收集和传输，但是除了部署成本高、任务单一等缺点外，无论是在感知内容的丰富性上还是在感知范围的广域性上，其都与物联网对物理世界泛在感知的需求存在很大差距，而移动智能终端的大规模普及恰好弥补了上述不足。由于各种类型传感器（光传感器、距离传感器、全球定位芯片、加速度传感器、地磁传感器、陀螺仪、麦克风、摄像头等）的嵌入，便携式的智能终端可以完成对周围环境各种信息的实时感知，并借助载体（人或车辆）的移动性通过设备之间的机会接触进行数据交换和传输。人们把这种由大量的移动智能终端自发形成的、通过节点间有意识的或无意识的接触来完成数据交换的网络形态称为机会网络（opportunistic network）。机会网络的出现完全突破了传统传感器网络数据收集时在时间和空间上的限制，很好地实现了物联网对物理世界泛在感知的目标。同时，不同于上述两种网络形态，机会网络在进行数据通信的过程中不需要目的节点和源节点之间存在一条时刻保持连通的路径，因此从某种意义上来说，机会网络完全颠覆了传统网络的数据传输模式。

移动智能终端的泛在性使得机会网络无处不在，而移动、自组织的特点使其在各种常态（交通信息的扩散、广告视频的投放等）和非常态（灾备、桥梁坍塌、人员聚集等）场景下都有很好的应用前景。同时，视频数据的高速增长使得蜂窝网络和有限覆盖的 Wi-Fi 网络已经无法满足传输带宽的需求，而数据在设备间的直接交换使得机会网络不但可以有效地对传统网络中的流量进行分流，而且可以大幅度减轻视频用户和服务提供商的成本压力。因此，近年来，国内外学术界对机会网络展开了深入的研究[20,21]，大量的研究成果相继发表在国际知名会议和一流期刊上；电气与电子工程师协会（Institute of Electrical and Electronics Engineers, IEEE）和国际计算机协会（Association for Computing Machinery, ACM）也开始组织专门的研讨会对相关研究成果进行交流。同时，国际上很多知名的高校（如麻省理工学院[22,23]、卡内基梅隆大学[24,25]、普林斯顿大学[26]、剑桥大学[27]、悉尼大学[28,29]、滑铁卢大学[30,31]、新加坡国立大学[32]、南洋理工大学[33]等）也纷纷启动相应的研究项目，并结合实际应用对机会网络展开研究；而在国内，中国科学院[20]、清华大学[34]、上海交通大学[35]、北京邮电大学[36,37]等院校也同步展开了对该领域的探索。

1.2 移动机会网络的演化

无线自组织网络在 20 世纪七八十年代就已经进入研究人员的视野，其不依赖任何既存的网络架构或者设施，部署简单、便捷，因此尽管其网络形态发生了很大变化，但是人们仍然对其保持高度关注。总体来讲，无线自组织网络的演化大概经历了以下几个阶段，即从静态无线自组织网络[38]到移动无线自组织网络[39,40]，再到目前备受关注的机会网络[41,42]。

静态无线自组织网络的拓扑结构保持相对稳定，有效路径的发现和数据的传输都比较简单。但是，随着便携式终端（笔记本电脑等）的发展和对移动性需求的增长，移动自组织网络开始成为人们关注的焦点。同时，大量的研究也给这种从静态到动态的网络演化提供了强有力的理论支撑。例如，Gupta 等[43]通过研究发现，在由 N 个随意部署的传感器节点组成的静态无线自组织网络中，任意节点对之间的吞吐率在最优情况下会按照 $1/\sqrt{N}$ 降低，而在最差情况下会按照 $1/\sqrt{N\log N}$ 降低；文献[44]则证明，当允许节点移动时，可以以增大传输时延为代价来提高网络的容量等。无线自组织网络从静态到动态的演化虽然给数据的传输带来了一系列的挑战，如传输路径需要动态更新和维护等，但是这两种网络形态在数据传输时在本质上都有相同的网络特征，即在任意时刻、任意节点对之间总是存在一条连通的路径，因此这类网络称为全连通网络。

　　虽然移动自组织网络部署便捷，但是受限的成本严重制约了网络的规模；而物联网对物理世界泛在感知的需求又需要存在一个广域（如城市量级等）的网络来对数据进行收集和传输。因此，近年来人们开始探索如何利用无处不在的手持移动智能终端进行组网并完成数据传输，机会网络应运而生。用户的移动性、人类活动的聚集性、有限的通信距离、终端设备间的不连通性成为网络的常态，因此数据的传输要依靠设备间机会的接触来完成。因此，人们把机会网络当作一种有别于其他自组织网络的全新的网络形态，尽管从本质上讲它们都是由移动设备组成的。同时，研究发现，在自组织网络中加入移动节点并引入中继节点对转发数据进行缓存可以进一步增加网络的容量[44]，这也为机会网络的发展提供了理论支撑。

　　近年来，虽然机会网络随着智能终端设备的普及而得到关注，但是学术界早已对这种网络形态展开探索。例如，为了解决不连通区域的数据收集问题，人们提出了间歇性连通网络（intermittently connected network，ICN）[45]，其通过部署移动的数据收集节点来完成数据传输任务；为了解决深空卫星的数据传输问题，人们提出了延迟容忍网络（delay tolerant network，DTN）；为了解决生活中的实际应用而把延迟容忍网络扩展成延迟/中断容忍网络（delay/disruption tolerant network，D/DTN）[41]等。无论是 ICN 还是 DTN，在本质上都与机会网络相同，但是机会网络参与的主体是人，为了在机会网络中更加高效地进行数据传输，必须对人的行为规律进行非常透彻的研究。但前期对 ICN 和 DTN 这两种网络形态的研究为机会网络提供了理论依据。此外，在学术界还有一些与机会网络并行的概念，即车联网或者车载网（vehicular ad hoc network，VANET）[46,47]和口袋交换网络（pocket switched network，PSN）[48,49]。VANET 和机会网络相比只是换了载体，本质上还是利用人的活动来进行数据传输的，而口袋交换网络则从组网到数据传输都与机会网络没有任何差异，因此在本书的研究中把这两类网络全部归入机会网络的范畴。

1.3　移动机会网络研究内容

作为一种全新的网络形态，机会网络一出现便受到人们的广泛关注，学术界不仅启动了很多与其相关的项目，而且研发了大量基于机会通信理念的实际系统来完成一些有针对性的应用。如图 1-1 所示，目前人们对机会网络的研究主要集中在以下几个方面。

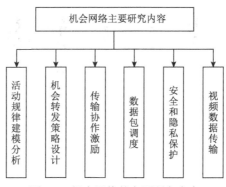

图 1-1　机会网络的主要研究内容

1.3.1　活动规律建模分析

在传统的移动自组织网络中，尽管构成网络的节点（或设备）也是移动的，但无论其拓扑结构如何变化，网络本身总是保持全连通状态，即在任意节点对之间总是存在至少一条时刻保持连通的路径。换句话说，网络拓扑结构的动态性对传输路径的建立会产生一定的影响，但是路由算法完全屏蔽了节点移动性对数据传输的影响。在机会网络中，由于网络的不连通性或者间歇连通性，数据的传输必须借助人的移动性来完成，人的移动性从某种程度上决定了数据的传输质量。因此，在机会网络的研究中，科研工作者投入了大量的精力来收集人类的各种活动数据，并对其规律性进行建模和分析。

在数据收集方面，人们做了大量的工作，建立了各种类型的数据集。例如，2005 年，美国加利福尼亚大学圣地亚哥分校启动了 Wireless Topology Discovery 项目[50]，其通过收集每个用户的手持设备与不同 Internet APs 的连通时间来建立用户粗粒度的移动轨迹；2006 年，美国麻省理工学院启动 Reality mining 项目来收集 100 个携带蓝牙设备用户之间为期 9 个月的连通数据[51]；IEEE INFOCOM 组委会也分别在 2005 年和 2006 年通过招募志愿者来收集其设备间的连通数据。此外，比较有影响力的数据集，如旧金山公交车数据集、微软研究院 T-Drive 项目[52]

收集的北京出租车数据集和上海交通大学收集的上海出租车数据集等，都通过收集车辆的轨迹信息来研究人的活动规律。

总体来讲，现在人们对移动机会网络移动模型的研究主要从实体移动模型和社交网络模型展开。实体移动模型算法简单，节点间的随机运动各自独立，移动节点是自由的、不加限制的，因此实体移动模型常被应用于移动网络节点的分析中。常见的实体移动模型有以下几种。

1. 随机路点移动模型

随机路点（random waypoint，RWP）移动模型[53]简单且应用范围广，广泛应用于移动网络中。RWP 移动模型的描述为：网络中的节点随机分布在模拟区域中，节点在区域中的目标位置、运动速度、达到目标位置后的停顿时间都是随机选择的。也就是说，在模拟运动空间区域，节点随机选择一个目标位置 D 和一个运动速度 v（该速度值随机选取，但必须在提前设定的范围之内），从起点 S 以速度 v 直线运动到目标位置 D，到达 D 后，节点暂停一段时间之后改变运动速度和方向，这样就完成了一个迭代过程。假设暂停时间为零，则表示没有暂停。暂停结束后，以本次目标位置 D 为起点重新选择下一个目标位置和运动速度 v 进行下一个迭代过程，此过程周而复始，直到仿真结束。RWP 移动模型能够很好地反映移动节点的运动规律，并且实现起来相对简单。RWP 移动模型能够很逼真地表示移动网络中节点的随机运动，常被用于很多真实性模拟的移动网络研究中，成为一种标准模型。

2. 随机步行移动模型

随机步行移动[54]（random walk mobility，RWM）模型的运动方式与布朗运动相似，因此又称为布朗运动模型。1926 年，爱因斯坦用数学方法描述了 RWM 模型。在实体移动模型中，很多物体的运动方式都是不规则的，因此常用 RWM 模型来模拟这些运动。在 RWM 模型中，移动节点从当前位置出发，其运动方向和运动速度都是随机选择的，并且运动速度 v 和运动方向 $\theta \in [0, 2\pi]$ 服从随机均匀分布。在该模型中，节点在运动一段时间或一段距离后，中间不做停留，再随机选择一个运动速度 v 和运动方向 θ 继续运动。如果节点到达模拟区域的边界，节点就按照到达边界的角度以无能量损耗的方式反弹回去，保持运动速度大小不变继续运动。如果节点在运动过程中有使其改变运动方向或运动速度的事情发生，则它会在该迭代过程中重新选择一个运动方向或运动速度，然后以这个新路径继续运动。

RWM 模型与 RWP 移动模型中的节点都做随机运动。实际上，RWM 模型就是一种停留时间为零的 RWP 移动模型。在 RWM 模型中，任意节点的运动都是相互独立的，在每一步选择的运动速度和运动方向都是相互独立的，不受其他节点的影响。在时间段 t 中，节点选取的方向 $\theta(t)$ 在 $[0, 2\pi]$ 服从均匀分布，运动速度 v 在给定取值区间也服从均匀分布。在时间段 t 中，节点的运动速度矢量可以表示为 $(v(t)\cos[\theta(t)], v(t)\sin[\theta(t)])$。RWM 模型中节点的运动过程与时间无关，当前运动速度和运动方向的选取是完全独立的，与前一时刻的运动无关。该无记忆特性会使节点产生与实际不相符的运动方式。若时间段 t 和距离 d 取值太小，则节点运动的区域会很小，此时仿真出来的轨迹属性不能反映整个网络的情况。因此，在对覆盖区域较大的网络环境进行仿真时，固定时间段 t 和距离 d 的取值比较大，这样才能保证节点的移动范围，从而尽可能地逼近实际的网络属性。但是，在实际应用中，RWM 模型常被简化。Pólya[55]证明了节点在一维或二维 RWM 模型中随机移动一段时间后能够返回到初始位置，这个特性确保了 RWM 模型中节点的运动始终在它初始位置附近移动，一段时间后一定会返回到初始位置，而不用担心节点会偏离初始位置很远。

3. 随机方向移动模型

随机方向移动 [56]（random direction mobility，RDM）模型是为了克服 RWM 模型中节点集中在某个区域而创建的一种模型。在 RWM 模型中，一般网络的中心区域节点相对集中，常把这种现象称为密度波，因为网络中的节点随机移动，目的地经常发生变化，选择位于区域中心的节点作为目的地的概率较大。在 RDM 模型中，节点的移动方式主要为聚集-分开-再聚集这样循环的过程。为了避免出现密度波行为，同时提高各个区域中节点数目的相对稳定性，RDM 模型应运而生。在 RDM 模型中，移动节点的运动速度 v 为一个定值，只有运动方向是随机选择的，这个运动方向用角度 θ 来表示，θ 在 $[0, 2\pi]$ 服从均匀分布。

4. 社交网络中的自然社群模型

人类是群居动物，人类的活动方式一般具有两个重要的特性：社群性和中心性。人类的活动范围分为许多社群，如游牧团体、生活小区等。社群中的成员相互接触的机会多，联系比较紧密，而社群间成员的联系相对较少。对于同一个社群中的成员，尽管是同属一个社群的个体，但是由于社会分工不同，个体职能存在差异，个体之间的活跃程度也会不同。因此，经常把这种非常活跃、与其他个体接触频率高，并且活动范围大的个体作为游牧团体的族长、生活小区区委会主任等，这些个体作为社群的中心，具有很强的中心性。文献[57]和[58]给出了社群中只有很少的节点能作为中心节点，大部分节点不具有中心性的结论，该结论也符合人类的生活习惯和社交网络，例如，与一般的个体相比，销售员、警察或者生活小区区委会主任等个体通常频繁接触其他个体，这使得他们具有较强的中心性。

常见的社交网络环境大多可以看作由很多社群构成，社群中只有少数个体能接触到其他社群，而绝大多数个体都只能与同一社群中的其他个体接触。图 1-2 所示的机会网络由 4 个网络社群（G_1、G_2、G_3、G_4）组成，每个社群都由若干节点（如图中大小圆圈）组成，社群内部节点间能够实时通信，但社群间不连通，因此属于不同社群的节点之间不能建立端到端的路径。网络中共包括 6 个信使节点（$m_1 \sim m_6$）。基于这样的网络结构，定义了两类基本的通信模式：一是社群内节点间的通信；二是跨社群节点间的通信。而社群内通常采用传染路由的通信方式，社群间采用信使传输方式。当大量的数据集涌现出来时，科研工作者通常更倾向于依托真实的活动轨迹数据来探索节点的移动模型，以便更加客观准确地刻画机会网络中节点的移动特征。例如，文献[48]对在加利福尼亚大学圣迭戈分校所收集的数据集进行了分析，发现节点接触时间间隔近似服从幂律分布，而不是在上述经典模型中推导出的指数分布；文献[50]的研究结果则显示，用户的接触次数、接触时长均呈重尾分布；文献[32]通过对在校学生所携带蓝牙设备的连通情况进行分析，发现除了间隔时长外，其他表述用户行为特征的重要指标，如接触次数和接触时长等仍然服从幂律分布。此外，文献[59]和[60]对不同场景下的数据集进行了分析，发现人的移动性服从截尾的帕累托分布等。

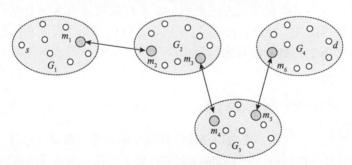

图 1-2　社群模型图示

1.3.2　机会转发策略设计

机会网络中的数据传输主要利用节点的移动性，通过节点间的机会接触，采用存储-携带-转发的方式来进行，所以中继节点的选择对数据的传输质量至关重要。因此，数据转发策略是机会网络中研究最广泛、最深入、成果最丰富的一个子领域。具体来讲，现有的机会转发策略可以分成以下四类。

1. 基于零信息的直接转发

当两个节点相遇时，数据包的转发决策不需要任何信息作为辅助。在该类别中，最为典型的是洪泛转发策略[61]，因为节点相遇不需要做任何判决，而是直接把数据包进行复制转发即可。尽管在网络资源充足的情况下洪泛转发策略在传输时延方面表现最优，但其负载也是最高的。因此，为了进行折中，其他继承于洪泛转发策略的直接转发策略都分别对数据包副本数和路由跳数进行限制，如直接等待[62]、两跳转发[63]、副本数量固定转发[64]等。上述算法的主要特点是在数据转发的过程中不对中继节点进行任何选择，而仅考虑数据转发的跳数和数据包的副本数量。

2. 基于历史信息的机会转发

网络中的每个节点都保存其与其他节点的接触信息，如过去一段时间内的接触次数和间隔时长等，然后依据这些历史信息并结合不同的效用函数来计算每个节点相对于目的节点的效用值。当传输数据时，携带数据包的节点就可以根据效用值来选择中继节点，判决是否进行数据转发。属于该类的机会转发策略非常多，按照效用函数的不同又可以分为两个子类，即以投递概率和路径相关参数为效用值。经典的机会转发策略 PROPHET[45]和 MV[65]都属于前者，都是通过历史信息来对节点的投递概率进行计算的，数据转发时将投递概率作为节点选择的依据，从而使得数据包从低投递概率的节点向高投递概率的节点扩散或者转移。路由算法 SEPR[66]和 MEED[30]属于后者，分别以路径长度和传输时延为效用值，通过对历史信息的学习来选择中继节点，从而使得数据传输的路径最短或者传输时延最小。

3. 基于情境信息的机会转发

在某些情况下，例如，在城市环境中利用车辆来进行数据传输时，很难有节点的历史信息可以被利用，在这种情况下节点更多依赖节点自身的信息（如速度、移动方向、存储区大小、位置等）和环境的信息（周围节点的密度、周围节点的运动状况、道路拓扑等）来进行中继节点的选择，这种数据转发称为基于情境信息的机会转发策略。路由算法 CAR[67]当属该类工作的代表，其利用节点剩余能量、拓扑变化速率、到达目标连通域的概率和移动速度等上下文信息来辅助进行中继节点的选择。此外，适用于车载网的路由算法，如 MDDV[68]、VADD[69]、TSF[70]和 CAVD[71]等，都是综合考虑车辆的运动方向、运动速度、位置、目的节点或区域的位置、道路拓扑等情境信息，然后进行中继节点的选择。

4. 基于社交关系的机会转发

研究人员通过对来自真实生活的轨迹数据进行分析发现，人的活动呈现极强的社区性[72-74]。因此，近年来有大量的文章探讨如何利用节点在社区中的关系和属性来选择中继节点，从而提高数据机会转发的质量。文献[75]介绍了在该领域较早开展的探索工作，利用邻居节点的接触信息来估计节点的相似度和中心度，并把两者融合成单一的度量，称为 SimBet，当节点相遇时，数据的转发按照 SimBet 从低到高进行。Bubble 算法[58]则充分利用人们活动的社区性和节点的中心度来选择中继节点，使得数据包首先被投递到目的节点所在社区，然后通过社区内中心度高的节点投递到目的节点。此外，文献[76]也通过计算节点的中心度来选择合适的中继节点，实现了对数据的高效转发，并取得了较好的效果。

1.3.3　传输协作激励

机会网络中的数据传输是依靠多个节点间的数据交换来完成的，因此节点间的协作对数据的传输质量至关重要。然而，在多数情况下，机会网络中的移动智能终端都为个人所有，基于客观原因或者主观原因，其在数据传输的过程中会故意丢包或进行选择性传输，从而影响网络的整体性能。大量的研究也表明，节点的这种自私性不仅会大幅增加网络时延，也会降低数据包的投递成功率[77-79]。因此，如何设计合理有效的激励机制来遏制节点的自私性，同时鼓励节点积极协作，是在机会网络研究中值得关注的问题。依据现有的工作，激励机制可以分为如下四类。

1. 基于信誉的激励机制

在基于信誉的激励机制下，每一个节点都被分配一个信誉值来表征其协作度的高低。对于任意节点，网络中的其他节点都可以对该节点的不良行为进行监督，然后对其信誉进行评分，并在网络中扩散该信息。当某一个节点的信誉值降低到预设门限值以下时，其他所有节点都会拒绝和该节点继续进行通信，使得信誉值低的节点从网络中隔离而无法与其他节点进行数据交互。文献[80]～[82]都基于该思想。

2. 基于积分的激励机制

网络具有不连通性，很难对节点的不良行为进行实时监督。文献[83]设计了基于积分的激励机制。其基本的思想是，节点通过给其他节点提供数据转发服务来赚取积分，同时当其他节点给自己提供数据转发服务时，也要支付相应的积分。然而，积分的引入使得网络中必须要有可信的第三方作为虚拟银行对积分进行统计和管理，从而增加了系统的复杂度。

3. 基于等量交换的激励机制

由于网络中只能有一个虚拟银行，节点要想和虚拟银行进行通信必须经历很长的时延或者借助于其他窄带长距的通信手段。为了克服上述限制，人们提出了基于等量交换的激励机制，即当节点相遇时相互交换的数据包是等量的，如果节点 A 帮助节点 B 传输了一定量的数据包，则节点 B 也只会为节点 A 传输等量的数据包。然而，基于等量交换的激励机制限制了网络的吞吐量，文献[79]对其进行了改良，不仅解决了数据传输慢启动的问题，而且在等量交换的约束下使得节点的吞吐量最大化。

4. 基于商品交换的激励机制

在基于商品交换的激励机制中，节点携带的数据包被看作可以自由交换的商品，其价格也会随着该数据包在网络中副本数量的不同而发生变化。文献[84]把两个节点间的数据交换建模成一个双人协作博弈，通过纳什均衡求解，使得双方的收益都达到最大化，从而驱使节点进行充分合作。

1.3.4　数据包调度

在机会网络中，一方面，节点的资源非常受限，特别是在早期，设备存储区的容量非常小，电池也无法满足长时间的能量供给；另一方面，数据的传输依靠移动节点间的随机接触进行，有限的有效传输时长加上较低的无线传输速率使得可保证数据传输的网络资源非常有限。因此，如何充分挖掘有限的网络资源来提高数据传输的质量也成为机会网络中的一个关注点。目前，主要的工作集中在对数据包的调度和管理上。存储容量的不足，使得大量数据在转发过程中被丢弃，严重影响了数据投递的时延和成功率；同时，接触的受限性，使得当传输机会来临时，无法保证所有节点都能得到传输机会。因此，设计高效的数据包调度机制对数据包的丢弃和传输进行管理就显得非常必要。传统的队列管理机制仅考虑节点或者数据包本身的情况，如丢弃或者传输最先进入队列的数据包、丢弃或者传输剩余时长最短的数据包等，因此无法从根本上提高数据传输的性能。文献[85]最早开始在该领域进行了探索，尽管其主要目的还是针对特定的目标（如最小的传输时延、投递率等）来进行路由算法的设计，但是在其提出的 RAPID 机制中，当节点相遇时，数据包的传输按照其边缘效用值与该数据包的大小之比进行优先级排序。文献[86]描述了另一个具有代表性的工作，综合了数据包在网络中的扩散情况，针对特定的性能指标，为节点缓冲区内的每个数据包计算一个效用值。当节点存储区溢出时，优先选择效用值最低的数据包进行丢弃，从而最小化缓冲区受限对传输质量造成的影响。此外，文献[87]则针对视频数据传输对数据包进行管理，数据包的传输优先级和丢弃先后次序完全通过对视频重建质量的效用值进行计算来动态确定。

1.3.5　安全和隐私保护

在机会网络中，数据的传输采用存储-携带-转发的方式进行，因此在中继节点对数据进行携带和转发的过程中，如何保证数据的私密性和完整性是数据接收方非常关心的问题。与此同时，为了对数据进行有效转发，节点在进行数据转发的同时会交换各自节点的属性、社区关系、环境等隐私信息，如何对这些隐私信息进行保护也是参与节点非常关心的问题。此外，机会网络是一个完全分布式的系统，如何有效地防止网络欺骗和攻击，保证数据的可靠传输也是网络管理者关心的问题。目前，已经有研究对上述问题进行了探索，例如，文献[88]针对机会网络给出基于身份与策略加密的安全方案，用以保护机会网络路由中存在的隐私泄露问题；文献[89]对机会网络中的邻居节点搜索算法和安全关联建立算法进行了整合，提出了基于证书链的密钥管理方案，通过为每个节点生成并关联一个假名的方式来抵御女巫攻击；文献[90]则提出了通过构建基于信任管理的安全方案来预防攻击，从而提供了更加有效的安全服务。此外，文献[91]提出了基于身份加密技术来保护数据的机密性；文献[92]则通过设计垃圾信息过滤器对用户的隐私进行过滤和保护等。

1.3.6　视频数据传输

视频数据能够给用户提供更加直观、易读和丰富的信息，所以越来越多的各种手机应用和服务开始以视频流为支撑。然而，大数据量的特点使得视频流通过按照流量计费的 4G/5G 网络进行传输变得很不现实，而且在一些极端的应用场景中，如灾备、野外监控等，也没有移动蜂窝网络等设施可以利用。因此，近年来机会网络中的视频传输逐渐引起科研人员的关注。间歇连通的网络环境使得视频数据传输面临严峻的挑战，这方面的工作并不是很多。关于视频传输的应用背景、意义和相关工作等内容将在第 3 章单独进行论述。

1.4　移动机会网络典型应用场景

移动自组织网络的网络形态以及延迟容忍的数据传输特性使得机会网络一经出现便备受关注。然而，无论是最初的深空星际通信[93]和野外动物跟踪[94]，还是现在的城市智慧交通[95]等，研究都是伴随着对机会网络各种相关应用的探索而展开的。目前，与机会网络相关的典型应用主要包括以下几个方面。

1.4.1　内容分发

人们对网络进行研究的目的还是期望进行高效的数据投递，因此内容分发是机会网络的主要应用之一。在机会通信研究的早期，为了给偏远地区的人们提供邮件等互联网服务，美国麻省理工学院启动了 DakNet 项目[96]，通过部署在公共交通车辆上的移动接入点来完成用户请求内容的分发。近年来，人们开始关注在城市环境中如何利用机会网络来进行数据的投递和分发，并做了大量的工作[97-101]，其基本思想都是利用人或者车辆间的机会接触来进行各种内容（如广告、新闻、小视频等）的扩散和分发。

1.4.2　数据卸载

近年来，随着移动互联网的蓬勃发展，移动用户的数量也在飞速增长。依据 QuestMobile 发布的《2022 年中国移动互联网年度报告》，截至 2022 年 2 月 1 日，中国移动互联网用户已经突破 12 亿。与此同时，数据的内容也越来越丰富，从早期单纯的文字到现在的图像、语音和视频。这些因素使移动互联网的数据流量呈指数级增长，给现有的 4G/5G 和 Wi-Fi 等无线接入网络带来严峻挑战。因此，如何对移动互联网的数据流量进行高效的分流和卸载就成为学术界和工业界共同关注的问题[102-106]。存储-携带-转发是一种不依赖现有无线网络架构且能够实现数据卸载的理想数据传输模式，因而人们开始开发各种基于机会网络的应用来对移动互联网的数据流量进行分流。这样既可以减轻用户的成本压力，也可以减小各种无线接入网络的负荷。例如，德国电信公司就与马里兰大学合作开发了一套名为 Opp-Off 的自组织网络，其可以在网络拥塞时通过移动机会网络共享的方式下载对时延敏感度较低的数据（音乐和电子书等）[107]。

1.4.3　智慧交通

随着移动智能终端的普及，人们开始关注如何对城市中的路况信息进行收集并利用机会网络进行传输、处理和发布，从而实现路线规划、拥塞预警、环保出行和安全驾驶等。例如，美国麻省理工学院发起的 CarTel 项目可以利用安装在车辆上的移动终端设备进行交通路况、线路、环境评测等信息的收集，然后利用车辆间的机会接触实现数据的共享等[108]。近期，研究人员利用车辆驾驶人员的智能手机来感知当前交通信号灯的颜色，通过与周围其他移动智能终端组成临时的移动机会网络来共享这些感知信息，并预测在未来一段时间内红绿灯的变化趋势，从而辅助驾驶员动态调整车辆的行驶速度，达到降低能耗和改善交通状况的目的。

此外，大量的文献也在讨论如何利用车载网络把交通拥塞的信息以机会通信的方式散播出去，以便于周围区域的车辆提前调整行驶路线。本书也探讨了当出现交通事故时，如何通过车辆机会通信把现场的视频投放到周围路口的电子屏幕上，从而使驾驶人员可以根据现场的情况调整自己的线路规划。

1.4.4　灾备应急

当出现重大自然灾害时，各种通信设施（光缆、基站等）会受到损毁，从而造成大面积的通信瘫痪。在这种情况下，后方很难获取灾难现场的准确信息，严重阻挠后续各种救援行动的开展。通过救援人员所携带的便携式移动智能终端收集现场情况，然后通过人们之间的机会接触把获得的信息（图像、视频等）传送到具备网络接入的区域，就成为一种非常有效地掌握现场状况的通信手段，大量的工作[109-111]也以此为背景展开。此外，当发生突发事件（桥梁坍塌、道路塌陷等）时，大量人群聚集造成周边网络拥塞，现场的人群可以通过自拍、录像的方式进行信息的收集，然后通过机会多跳的方式对信息进行发布和上传[112]。

1.4.5　野外监控

近年来，随着人们对生态保护和环境保护意识的加强，如何在通信环境恶劣的情况下完成对野外生物和环境的监控成为很受大家关注的一个问题。通过部署移动智能终端，利用移动设备之间的机会通信能很好地解决该问题。早期，普林斯顿大学实施了 ZebraNet 项目[113]，利用安装在斑马脖子上的传感器和移动基站间的机会接触来对斑马的迁徙情况进行跟踪。此外，还有相似的系统用于对鲸鱼进行监控。当前的水下噪声污染已严重影响鲸鱼的生活习性，例如，白鲸在听到水下测试的噪声后，会全速逃离原地，通常几周内不会返回。为了向生物学家提供鲸鱼生活状态的完备数据，美国康奈尔大学研发了共享信息基站系统[114]，基于机会通信对海洋鲸鱼的水下活动进行监视。嵌入在鲸鱼身上的标签设备周期性地收集监控数据。当两头鲸鱼相遇时，它们的标签设备相互通信并交换数据。因此，通过鲸鱼的移动，数据被复制并扩散到不同鲸鱼所携带的设备上，直至传送至部署在水面的浮标或飞过的海鸟身上携带的基站。

1.5　本 章 小 结

本章首先讲述移动机会网络产生的背景、演化过程和网络体系架构。然后，对移动机会网络领域目前被大家广泛关注的研究内容进行了介绍，并按照类别对相关工作进行了简单综述。最后，描述了移动机会网络在内容分发、数据卸载、智慧交通、灾备应急和野外监控等领域的使用场景。本章旨在让读者了解移动机会网络的发展脉络及其意义所在。

参 考 文 献

[1] Atzori L, Iera A, Morabito G. The internet of things: a survey. Computer Networks, 2010, 54(15): 2787-2805.

[2] Bontu C S, Periyalwar S, Pecen M. Wireless wide-area networks for internet of things: an air interface protocol for IoT and a simultaneous access channel for uplink IoT communication. IEEE Vehicular Technology Magazine, 2014, 9(1): 54-63.

[3] 刘云浩. 从普适计算、CPS 到物联网: 下一代互联网的视界. 中国计算机学会通讯, 2009, 5(12): 66-69.

[4] 王保云. 物联网技术研究综述. 电子测量与仪器学报, 2009, 23(12): 1-7.

[5] Corso F, Camargo Y, Ramirez L. Wireless sensor system according to the concept of IoT-internet of things//International Conference on Computational Science and Computational Intelligence, Las Vegas, 2014: 52-58.

[6] Ma H D. Internet of things: objectives and scientific challenges. Journal of Computer Science and Technology, 2011, 26(6): 919-924.

[7] 邬贺铨. 物联网的应用与挑战综述. 重庆邮电大学学报(自然科学版), 2010, 22(5): 526-531.

[8] 孙其博, 刘杰, 黎羴, 等. 物联网: 概念、架构与关键技术研究综述. 北京邮电大学学报, 2010, 33(3): 1-9.

[9] 胡向东. 物联网研究与发展综述. 数字通信, 2010, 37(2): 17-21.

[10] Chaudhary D D, Nayse S P, Waghmare L M. Application of wireless sensor networks for greenhouse parameter control in precision agriculture. International Journal of Wireless and Mobile Networks, 2011, 3(1): 140-149.

[11] Kulkarni P, Ganesan D, Shenoy P, et al. SensEye: a multi-tier camera sensor network// Proceedings of the 13th Annual ACM International Conference on Multimedia, Singapore, 2005: 229-238.

[12] Mo L F, He Y, Liu Y H, et al. Canopy closure estimates with GreenOrbs: sustainable sensing in the forest//Proceedings of the 7th ACM Conference on Embedded Networked Sensor Systems, Berkeley, 2009: 99-112.

[13] Gnawali O, Fonseca R, Jamieson K, et al. Collection tree protocol//Proceedings of the 7th ACM Conference on Embedded Networked Sensor Systems, Berkeley, 2009: 1-14.

[14] Chlamtac I, Conti M, Liu J J N. Mobile ad hoc networking: imperatives and challenges. Ad Hoc Networks, 2003, 1(1): 13-64.

[15] Marti S, Giuli T J, Lai K, et al. Mitigating routing misbehavior in mobile ad hoc networks// Proceedings of the 6th Annual International Conference on Mobile Computing and Networking, New York, 2000: 255-265.

[16] Perkins C E, Royer E M. Ad hoc on-demand distance vector routing//Proceedings of the 2nd

IEEE Workshop on Mobile Computing Systems and Applications, New Orleans, 2002: 90-100.

[17] Johnson D B, Maltz D A, Broch J. DSR: the dynamic source routing protocol for multi-hop wireless ad hoc networks. Ad Hoc Networking, 2001, 5(1): 139-172.

[18] Ko Y B, Vaidya N H. Location-aided routing (LAR) in mobile ad hoc networks//Proceedings of the 4th Annual ACM/IEEE International Conference on Mobile Computing and Networking, Dallas, 1998: 66-75.

[19] Tiwari A, Sahoo A. Providing QoS in OSPF based best effort network using load sensitive routing. Simulation Modelling Practice and Theory, 2007, 15(4): 426-448.

[20] 熊永平, 孙利民, 牛建伟, 等. 机会网络. 软件学报, 2009, 20(1): 124-137.

[21] Conti M, Kumar M. Opportunities in opportunistic computing. Computer, 2010, 43(1): 42-50.

[22] Toledano E, Sawada D, Lippman A, et al. CoCam: a collaborative content sharing framework based on opportunistic P2P networking//2013 IEEE 10th Consumer Communications and Networking Conference, Las Vegas, 2013: 158-163.

[23] Gaito S, Pagani E, Rossi G P. Strangers help friends to communicate in opportunistic networks. Computer Networks, 2011, 55(2): 374-385.

[24] Cheng H T, Sun F T, Buthpitiya S, et al. SensOrchestra: collaborative sensing for symbolic location recognition//International Conference on Mobile Computing, Applications, and Services, Santa Clara, 2010: 195-210.

[25] Mtibaa A, Harras K A. Social-based trust in mobile opportunistic networks//2011 Proceedings of 20th International Conference on Computer Communications and Networks, Lahaina, 2011: 1-6.

[26] Koukoumidis E, Peh L S, Martonosi M. RegReS: adaptively maintaining a target density of regional services in opportunistic vehicular networks//2011 IEEE International Conference on Pervasive Computing and Communications, Seattle, 2011: 120-127.

[27] Chaintreau A, Hui P, Crowcroft J, et al. Impact of human mobility on opportunistic forwarding algorithms. IEEE Transactions on Mobile Computing, 2007, 6(6): 606-620.

[28] Ma Y Z, Jamalipour A. A cooperative cache-based content delivery framework for intermittently connected mobile ad hoc networks. IEEE Transactions on Wireless Communications, 2010, 9(1): 366-373.

[29] Yoon H, Kim J W, Tan F, et al. On-demand video streaming in mobile opportunistic networks//2008 6th Annual IEEE International Conference on Pervasive Computing and Communications, Hong Kong, 2008: 80-89.

[30] Jones E P C, Li L, Ward P A S. Practical routing in delay-tolerant networks//Proceedings of the 2005 ACM SIGCOMM Workshop on Delay-Tolerant Networking, Philadelphia, 2005: 237-243.

[31] Kate A, Zaverucha G M, Hengartner U. Anonymity and security in delay tolerant networks//2007 3rd International Conference on Security and Privacy in Communications Networks and the Workshops-SecureComm 2007, Nice, 2007: 504-513.

[32] Natarajan A, Motani M, Srinivasan V. Understanding urban interactions from bluetooth phone contact traces//International Conference on Passive and Active Network Measurement, Leuven, 2007: 115-124.

[33] Wang X, Shu Y T, Jin Z G, et al. Adaptive randomized epidemic routing for disruption tolerant

networks//2009 5th International Conference on Mobile Ad Hoc and Sensor Networks, Fujian, 2009: 424-429.

[34] Fan X M, Shan Z G, Zhang B X, et al. State-of-the-art of the architecture and techniques for delay-tolerant networks. Acta Electonica Sinica, 2008, 36(1): 161-170.

[35] Zhou X B, Lu H C, Li J S, et al. AED: advanced earliest-delivery algorithm used in DTN. Journal of Electronics and Information Technology, 2007, 29(8): 1956-1960.

[36] Xiao M J, Huang L S. Delay-tolerant network routing algorithm. Journal of Computer Research and Development, 2009, 46(7): 1065-1073.

[37] Yuan P Y, Ma H D, Mao X F. The dissemination speed of correlated messages in opportunistic networks//2011 IEEE Symposium on Computers and Communications, Kerkyra, 2011: 309-315.

[38] Leiner B M, Nielson D L, Tobagi F A. Issues in packet radio network design. Proceedings of the IEEE, 1987, 75(1): 6-20.

[39] Hu Y C, Johnson D B, Perrig A. SEAD: secure efficient distance vector routing for mobile wireless ad hoc networks. Ad Hoc Networks, 2003, 1(1): 175-192.

[40] Tavli B, Heinzelman W. Mobile Ad Hoc Networks: Energy-efficient Real-time Data Communications. Dordrecht: Springer, 2006.

[41] Fall K. A delay-tolerant network architecture for challenged internets//Proceedings of the 2003 Conference on Applications, Technologies, Architectures, and Protocols for Computer Communications, Karlsruhe, 2003: 27-34.

[42] Jain S, Fall K, Patra R. Routing in a delay tolerant network//Proceedings of the 2004 Conference on Applications, Technologies, Architectures, and Protocols for Computer Communications, Portland, 2004: 145-158.

[43] Gupta P, Kumar P R. The capacity of wireless networks. IEEE Transactions on Information Theory, 2000, 46(2): 388-404.

[44] Grossglauser M, Tse D N C. Mobility increases the capacity of ad hoc wireless networks. IEEE/ACM Transactions on Networking, 2002, 10(4): 477-486.

[45] Lindgren A, Doria A, Schelén O. Probabilistic routing in intermittently connected networks. ACM SIGMOBILE Mobile Computing and Communications Review, 2003, 7(3): 19-20.

[46] Raya M, Hubaux J P. Securing vehicular ad hoc networks. Journal of Computer Security, 2007, 15(1): 39-68.

[47] Saha A K, Johnson D B. Modeling mobility for vehicular ad hoc networks//Proceedings of the 1st ACM International Workshop on Vehicular Ad Hoc Networks, Philadelphia, 2004: 91-92.

[48] Hui P, Chaintreau A, Scott J, et al. Pocket switched networks and human mobility in conference environments//Proceedings of the 2005 ACM SIGCOMM Workshop on Delay-Tolerant Networking, Philadelphia, 2005: 244-251.

[49] Wang E, Yang Y J, Wu J, et al. Phone-to-phone communication utilizing Wi-Fi hotspot in energy-constrained pocket switched networks. IEEE Transactions on Vehicular Technology, 2016, 65(10): 8578-8590.

[50] McNett M, Voelker G M. Access and mobility of wireless PDA users. ACM SIGMOBILE Mobile Computing and Communications Review, 2005, 9(2): 40-55.

[51] Eagle N, Pentland A. Reality mining: sensing complex social systems. Personal and Ubiquitous

Computing, 2006, 10(4): 255-268.

[52] Microsoft. T-Drive: driving directions based on taxi traces. http://research.microsoft.com/en-us/ projects/tdrive/[2010-9-16].

[53] Bettstetter C, Resta G, Santi P. The node distribution of the random waypoint mobility model for wireless ad hoc networks. IEEE Transactions on Mobile Computing, 2003, 2(3): 257-269.

[54] Bettstetter C, Hartenstein H, Pérez-Costa X. Stochastic properties of the random waypoint mobility model. Wireless Networks, 2004, 10(5): 555-567.

[55] Pólya G. Über eine aufgabe der wahrscheinlichkeitsrechnung betreffend die irrfahrt im straßennetz. Mathematische Annalen, 1921, 84(1-2): 149-160.

[56] Royer E M, Melliar-Smith P M, Moser L E. An analysis of the optimum node density for ad hoc mobile networks//IEEE International Conference on Communications, Helsinki, 2001: 857-861.

[57] Bettstetter C. Mobility modeling in wireless networks: categorization, smooth movement, and border effects. ACM SIGMOBILE Mobile Computing and Communications Review, 2001, 5(3): 55-66.

[58] Hui P, Crowcroft J, Yoneki E. Bubble rap: social-based forwarding in delay tolerant networks// Proceedings of the 9th ACM International Symposium on Mobile Ad Hoc Networking and Computing, Hong Kong, 2008: 241-250.

[59] Rhee I, Shin M, Hong S, et al. On the levy-walk nature of human mobility. IEEE/ACM Transactions on Networking, 2011, 19(3): 630-643.

[60] Lee K, Hong S, Kim S J, et al. SLAW: a new mobility model for human walks//IEEE INFOCOM 2009, Rio de Janeiro, 2009: 855-863.

[61] 陈瑶, 朱志祥, 杨峰. 洪泛路由协议的仿真分析与改进. 西安邮电学院学报, 2011, 16(4): 54-58.

[62] Shah R C, Roy S, Jain S, et al. Data MULEs: modeling and analysis of a three-tier architecture for sparse sensor networks. Ad Hoc Networks, 2003, 1(2-3): 215-233.

[63] Zhao W, Ammar M, Zegura E. A message ferrying approach for data delivery in sparse mobile ad hoc networks//Proceedings of the 5th ACM International Symposium on Mobile Ad Hoc Networking and Computing, Roppongi, 2004: 187-198.

[64] Spyropoulos T, Psounis K, Raghavendra C S. Efficient routing in intermittently connected mobile networks: the multiple-copy case. IEEE/ACM Transactions on Networking, 2008, 16(1): 77-90.

[65] Burns B, Brock O, Levine B N. MORA routing and capacity building in disruption-tolerant networks. Ad Hoc Networks, 2008, 6(4): 600-620.

[66] Tan K, Zhang Q, Zhu W W. Shortest path routing in partially connected ad hoc networks//IEEE Global Telecommunications Conference, San Francisco, 2003: 1038-1042.

[67] Musolesi M, Hailes S, Mascolo C. Adaptive routing for intermittently connected mobile ad hoc networks//The 6th IEEE International Symposium on a World of Wireless Mobile and Multimedia Networks, Taormina, 2005: 183-189.

[68] Wu H, Fujimoto R, Guensler R, et al. MDDV: a mobility-centric data dissemination algorithm for vehicular networks//Proceedings of the 1st ACM International Workshop on Vehicular Ad

Hoc Networks, Philadelphia, 2004: 47-56.

[69] Zhao J, Cao G H. VADD: vehicle-assisted data delivery in vehicular ad hoc networks. IEEE Transactions on Vehicular Technology, 2008, 57(3): 1910-1922.

[70] Jeong J, Guo S, Gu Y, et al. TSF: trajectory-based statistical forwarding for infrastructure-to-vehicle data delivery in vehicular networks//2010 IEEE 30th International Conference on Distributed Computing Systems, Genoa, 2010: 557-566.

[71] Wu H H, Ma H D. CAVD: a traffic-camera assisted live video streaming delivery strategy in vehicular ad hoc networks//2013 IEEE 10th International Conference on Mobile Ad Hoc and Sensor Systems, Hangzhou, 2013: 379-383.

[72] Musolesi M, Mascolo C. A community based mobility model for ad hoc network research// Proceedings of the 2nd International Workshop on Multi-hop Ad Hoc Networks: from Theory to Reality, Florence, 2006: 31-38.

[73] Hsu W J, Spyropoulos T, Psounis K, et al. Modeling spatial and temporal dependencies of user mobility in wireless mobile networks. IEEE/ACM Transactions on Networking, 2009, 17(5): 1564-1577.

[74] Spyropoulos T, Psounis K, Raghavendra C S. Performance analysis of mobility-assisted routing// Proceedings of the 7th ACM International Symposium on Mobile Ad Hoc Networking and Computing, Florence, 2006: 49-60.

[75] Daly E M, Haahr M. Social network analysis for routing in disconnected delay-tolerant MANETs//Proceedings of the 8th ACM International Symposium on Mobile Ad Hoc Networking and Computing, Montreal, 2007: 32-40.

[76] Mtibaa A, May M, Diot C, et al. Peoplerank: social opportunistic forwarding//Proceedings of the 2010 Conference on Information Communications, Piscataway, 2010: 111-115.

[77] Pelusi L, Passarella A, Conti M. Opportunistic networking: data forwarding in disconnected mobile ad hoc networks. Communications Magazine, 2006, 44(11): 134-141.

[78] Panagakis A, Vaios A, Stavrakakis I. On the effects of cooperation in DTNs//2007 2nd International Conference on Communication Systems Software and Middleware, Bangalore, 2007: 1-6.

[79] Shevade U, Song H H, Qiu L L, et al. Incentive-aware routing in DTNs//2008 IEEE International Conference on Network Protocols, Orlando, 2008: 238-247.

[80] Buchegger S, Le Boudec J Y. Performance analysis of the confidant protocol//Proceedings of the 3rd ACM International Symposium on Mobile Ad Hoc Networking and Computing, Lausanne, 2002: 226-236.

[81] Balakrishnan K, Deng J, Varshney V K. TWOACK: preventing selfishness in mobile ad hoc networks//IEEE Wireless Communications and Networking Conference, New Orleans, 2005: 2137-2142.

[82] Zhang L, Zhang X, An C, et al. A reputation-based incentive scheme for delay tolerant networks. Acta Electonica Sinica, 2014, 42(9): 1738-1743.

[83] Chen B B, Chan M C. Mobicent: a credit-based incentive system for disruption tolerant network//2010 Proceedings IEEE INFOCOM, San Diego, 2010: 1-9.

[84] Ning T, Yang Z P, Xie X J, et al. Incentive-aware data dissemination in delay-tolerant mobile

networks//2011 8th Annual IEEE Communications Society Conference on Sensor, Mesh and Ad Hoc Communications and Networks, Salt Lake City, 2011: 539-547.

[85] Balasubramanian A, Levine B, Venkataramani A. DTN routing as a resource allocation problem// Proceedings of the 2007 Conference on Applications, Technologies, Architectures, and Protocols for Computer Communications, Kyoto, 2007: 373-384.

[86] Krifa A, Barakat C, Spyropoulos T. Optimal buffer management policies for delay tolerant networks//2008 5th Annual IEEE Communications Society Conference on Sensor, Mesh and Ad Hoc Communications and Networks, San Francisco, 2008: 260-268.

[87] Wu H H, Ma H D. DSVM: a buffer management strategy for video transmission in opportunistic networks//2013 IEEE International Conference on Communications, Budapest, 2013: 2990-2994.

[88] Shikfa A, Onen M, Molva R. Privacy in context-based and epidemic forwarding//2009 IEEE International Symposium on a World of Wireless, Mobile and Multimedia Networks and Workshops, Kos, 2009: 1-7.

[89] Shikfa A, Önen M, Molva R. Bootstrapping security associations in opportunistic networks// 2010 8th IEEE International Conference on Pervasive Computing and Communications workshops, Mannheim, 2010: 147-152.

[90] Trifunovic S, Legendre F, Anastasiades C. Social trust in opportunistic networks//2010 INFOCOM IEEE Conference on Computer Communications Workshops, San Diego, 2010: 1-6.

[91] Asokan N, Kostiainen K, Ginzboorg P, et al. Applicability of identity-based cryptography for disruption-tolerant networking//Proceedings of the 1st International MobiSys Workshop on Mobile Opportunistic Networking, San Juan, 2007: 52-56.

[92] Lu R X, Lin X D, Luan T, et al. Prefilter: an efficient privacy-preserving relay filtering scheme for delay tolerant networks//2012 Proceedings IEEE INFOCOM, Orlando, 2012: 1395-1403.

[93] Ivancic W, Eddy W M, Stewart D, et al. Experience with delay-tolerant networking from orbit. International Journal of Satellite Communications and Networking, 2010, 28(5-6): 335-351.

[94] Small T, Haas Z J. The shared wireless infostation model: a new ad hoc networking paradigm (or where there is a whale, there is a way)//Proceedings of the 4th ACM International Symposium on Mobile Ad Hoc Networking and Computing, New York, 2003: 233-244.

[95] Koukoumidis E, Peh L S, Martonosi M R. Signalguru: leveraging mobile phones for collaborative traffic signal schedule advisory//Proceedings of the 9th International Conference on Mobile Systems, Applications, and Services, Bethesda, 2011: 127-140.

[96] Pentland A, Fletcher R, Hasson A. Daknet: rethinking connectivity in developing nations. Computer, 2004, 37(1): 78-83.

[97] Boldrini C, Conti M, Passarella A. Modelling data dissemination in opportunistic networks// Proceedings of the third ACM Workshop on Challenged Networks, San Francisco, 2008: 89-96.

[98] Nadeem T, Shankar P, Iftode L. A comparative study of data dissemination models for VANETs// 2006 3rd Annual International Conference on Mobile and Ubiquitous Systems: Networking and Services, San Jose, 2006: 1-10.

[99] Zhao J, Zhang Y, Cao G H. Data pouring and buffering on the road: a new data dissemination

paradigm for vehicular ad hoc networks. IEEE Transactions on Vehicular Technology, 2007, 56(6): 3266-3277.

[100] Kärkkäinen T, Ott J. Shared content editing in opportunistic networks//Proceedings of the 9th ACM MobiCom Workshop on Challenged Networks, Hawaii, 2014: 61-64.

[101] Conti M, Mordacchini M, Passarella A, et al. A semantic-based algorithm for data dissemination in opportunistic networks//International Workshop on Self-Organizing Systems, Palma de Mallorca, 2013: 14-26.

[102] Lee K, Lee J, Yi Y, et al. Mobile data offloading: how much can Wi-Fi deliver? IEEE/ACM Transactions on Networking, 2013, 21(2): 536-550.

[103] Han B, Hui P, Kumar V S A, et al. Mobile data offloading through opportunistic communications and social participation. IEEE Transactions on Mobile Computing, 2011, 11(5): 821-834.

[104] Li Y, Su G, Hui P, et al. Multiple mobile data offloading through delay tolerant networks// Proceedings of the 6th ACM Workshop on Challenged Networks, Las Vegas, 2011: 43-48.

[105] Aijaz A, Aghvami H, Amani M. A survey on mobile data offloading: technical and business perspectives. IEEE Wireless Communications, 2013, 20(2): 104-112.

[106] Bruno R, Masaracchia A, Passarella A. Offloading through opportunistic networks with dynamic content requests//2014 IEEE 11th International Conference on Mobile Ad Hoc and Sensor Systems, Philadelphia, 2014: 586-593.

[107] Han B, Hui P, Srinivasan A. Mobile data offloading in metropolitan area networks. ACM SIGMOBILE Mobile Computing and Communications Review, 2010, 14(4): 28-30.

[108] Hull B, Bychkovsky V, Zhang Y, et al. Cartel: a distributed mobile sensor computing system// Proceedings of the 4th International Conference on Embedded Networked Sensor Systems, Boulder, 2006: 125-138.

[109] Nelson S C, Bakht M, Kravets R, et al. Encounter: based routing in DTNs. ACM SIGMOBILE Mobile Computing and Communications Review, 2009, 13(1): 56-59.

[110] Uddin M Y S. Disruption-tolerant networking protocols and services for disaster response communication. Urbana-Champaign: University of Illinois at Urbana-Champaign, 2012.

[111] Reina D G, Coca J M L, Askalani M, et al. A survey on ad hoc networks for disaster scenarios//2014 International Conference on Intelligent Networking and Collaborative Systems, Salerno, 2014: 433-438.

[112] Ra M R, Liu B, La Porta T F, et al. Medusa: a programming framework for crowd-sensing applications//Proceedings of the 10th International Conference on Mobile Systems, Applications, and Services, Lake District, 2012: 337-350.

[113] Juang P, Oki H, Wang Y, et al. Energy-efficient computing for wildlife tracking: design tradeoffs and early experiences with ZebraNet//Proceedings of the 10th International Conference on Architectural Support for Programming Languages and Operating Systems, San Jose, 2002: 96-107.

[114] Watts D J, Strogatz S H. Collective dynamics of 'small-world' networks. Nature, 1998, 393(6684): 440-442.

第2章 移动机会网络中的数据传输

2.1 引　言

目前，对于移动机会网络中数据传输的研究主要集中在路由算法、数据转发以及数据分发上。路由是任何组网技术的首要问题。如前所述，移动机会网络通常以存储-携带-转发的模式传输数据，如图 2-1 所示。t_1 时刻源节点 N_s 希望将数据传输给目的节点 N_d，但 N_s 和 N_d 位于不同的连通域且没有通信路径，因此 N_s 首先将数据打包成信息发送给邻居节点 3，节点 3 并没有合适的机会转发下一跳节点，它将信息在本地存储并等待传输机会，经过一段时间到达 t_2 时刻，节点 3 运动到节点 4 的通信范围并将信息转发给节点 4，在 t_3 时刻，节点 4 将信息传输给目的节点 N_d，完成数据的传输。在这种模式下，当源节点不存在到目的节点的通信路径时，数据将被缓存在当前节点以等待合适的转发机会。因此，为每个缓存数据选择合适的下一跳转发节点和设计合适的数据转发策略，就成为移动机会网络中设计路由算法的关键问题。

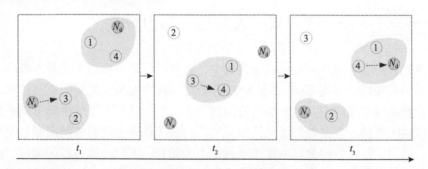

图 2-1　移动机会网络中数据传输示意图

移动机会网络中对于数据分发的研究主要与移动机会网络中基于数据的服务密切相关。基于数据的服务在传统互联网和移动自组织网络中得到了广泛研究[1]。但是，这些基于数据的服务机制要求网络基础设施或者移动节点之间有稳定的端到端连接。因此，现有机制不能直接应用到移动机会网络中。移动机会网络中传输数据的基本模式是存储-携带-转发，因此网络中的节点会缓存待转发的数据，这种特征使得对缓存数据的利用成为移动机会网络的一种全新应用模式。

与传统的互联网和移动自组织网络不同，移动机会网络中基于数据的服务一般基于发布/订阅机制。在该机制中，数据通常按照其属性被归类为频道或者种类，每个频道代表一种类型的数据，网络中的用户则对其中一个或多个频道感兴趣。网络中的一部分用户发布订阅请求或兴趣信息，也就是数据订阅者；同时，还有一部分用户产生资源数据，也就是数据发布者。网络的目标就是将数据从数据发布者传输到数据订阅者，而针对这一过程的数据传输即移动机会网络中的数据分发。

近10年来，大量研究者针对移动机会网络中的数据分发问题提出了众多的传输机制和路由算法。但是移动机会网络具有网络稀疏、拓扑结构时变、节点能量和带宽受限等多方面的特点，使得现有数据传输机制在移动机会网络中的适用性受到了很大限制。例如，现有的数据传输机制大都没有考虑节点能量有限的问题。事实上，在网络节点能量（或者资源）受限的情况下，如何提高网络节点的能量（或者资源）有效利用率以及数据的传输效率，是在移动机会网络中研究数据传输的一大难题。因此，移动机会网络中的数据传输仍然有很多的问题需要解决。邻居发现是移动机会网络中数据传输的基础，并且邻居发现过程会消耗节点很多的能量，因此高能效的邻居节点发现策略设计是移动机会网络数据传输要解决的问题。此外，数据包传输路径的选择是影响网络数据传输性能的决定性因素，因此按照不同的目标设计合适的路由算法进行最优中继节点的选择是移动机会网络中数据高效传输要解决的关键问题。

2.2 基于人的机会路由算法

在以人为基本组成元素的机会网络中，数据的传输主要以人为基本载体，借助于人的移动性，采用存储-携带-转发的形式，利用人与人之间的机会接触，通过机会数据转发来完成。在数据转发的过程中，如何选择合适的中继节点来保证数据传输的质量一直是被广泛关注的问题。科研工作者也针对该问题做了大量的工作，提出了各种各样的路由算法来满足不同场景、不同传输目标的需求。依据不同的维度和视角，现有的路由算法也有各种各样的分类，但大体来讲，现有的以人为主要传输载体的机会路由算法可以分为三类，即基于复制的路由算法、基于转发的路由算法和混合路由算法。

2.2.1 基于复制的路由算法

基于复制的路由算法在对数据或者信息进行传输的过程中，如果遇到合适的节点，就按照一定的准则对数据或者信息进行复制。在任意给定的时间点，每一个数据包或者信息（为了方便表述，在后续章节中把数据块、信息、数据包都统称为数据包）在网络中会存在不止一个副本（或者备份）。只要其中的任一副本被投递到目的节点，就认为该数据包投递成功。所以，基于复制的路由算法能够带来高的投递率和低的传输时延。但是，对于任一数据包，网络中都有其副本存在，且在节点相遇时还要对副本进行传输，这不仅会消耗节点大量的存储、计算、能量等资源，同时增加了整个网络的传输开销。这类路由算法可以进一步细分为两类，即基于洪泛的路由算法和基于编码的路由算法。

1. 基于洪泛的路由算法

基于洪泛的路由算法利用洪泛技术[2,3]在网络中产生数据包的多个副本并进行扩散。Epidemic 算法是基于洪泛的路由算法中最为经典的一个。具体来讲，当两个节点相遇并进入各自的有效通信范围时，其首先要做的就是相互交换节点所携带的数据摘要信息，也就是存储在各自内部缓存中的数据包目录。数据摘要信息交换完毕以后，每个节点开始用对方的数据摘要信息和自身携带的信息进行比对。由于在网络中不同的数据或者信息拥有不同的全局标识，节点很容易比对出自己没有的数据包，或者自己以前没有存储过的数据包。然后，基于比对结果，双方相互发送数据包请求信息。接收到请求信息之后，携带被请求数据包的节点会对该数据包进行复制，然后把副本发送给请求节点，这样网络中就又增加了一个该数据包的副本。在这个复制过程中，数据携带节点并不考虑数据请求节点是否能够把该数据包投递到目的节点。由于每个节点存储区的容量是有限的，所以Epidemic 算法采用了一种简单的节点存储区管理机制（先进先出机制）来对数据包进行管理。当存储区溢出而不能再接收新的数据包时，最早进入该节点存储区的数据包将会被优先丢弃。Epidemic 算法对数据包的复制不进行任何限制，因此在节点资源充足的情况下，其具有最高的投递率和最低的传输时延。这也是很多基于复制的路由算法在进行性能验证时都把Epidemic算法作为标杆算法进行对比的原因。但是，正是由于 Epidemic 算法对数据包的复制不进行任何限制，Epidemic 算法也具有最高的数据传输开销和网络负载，同时还具有最高的网络拥塞率。

基于洪泛的路由算法在网络进行信息的广播是造成网络开销增多、数据冗余、网络拥塞和传输碰撞的一个主要原因。特别是当很多节点同时相遇时，不加限制的数据包复制转发会引起广播风暴等问题。因此，在文献[4]中，作者提出了五种机制来对数据包的复制进行限制，即基于概率的机制、基于计数的机制、基于距离的机制、基于位置的机制和基于簇的机制。在基于概率的机制中，携带数据包的 Host 节点有可能会与其他很多节点相遇，就有可能收到很多数据包的请求信息；Host 节点依照特定的标准设置一个概率 P，然后以此概率对每个请求信息做出复制响应；如果概率设置为 1，则与 Epidemic 算法没有差异。在基于计数的机制中，通过设置门限值的方法来限制 Host 节点对数据包的复制。在基于距离的机制中，Host 节点仅对在特定距离内的邻居节点发送的数据包请求信息进行响应；而在基于位置的机制中，Host 节点仅对特定位置的邻居节点所发送的请求信息进行响应。在基于簇的机制中，数据包的复制仅发生在 Host 节点与簇头节点之间，而 Host 节点与簇员节点之间发生的任何数据转发将被禁止。通过以上机制，数据包的复制得到抑制，从而极大地降低了网络中出现广播风暴的概率。

Spray and Wait[3]算法是在两跳中继传输技术上的改进，分为两个阶段，即 Spray 阶段和 Wait 阶段。在第一阶段，即 Spray 阶段，源节点遇到其他节点后都会把数据包进行复制，然后转发给相遇节点，直到其复制的次数达到预先设定的门限值；接收到数据包副本的节点没有继续进行复制转发的权限。当源节点复制转发次数达到上限时，进入第二个阶段，即 Wait 阶段，所有携带该数据包的节点（包括源节点）都不再进行数据包的复制，只能在遇到目的节点后直接完成数据投递。文献[5]提出了一种基于历史信息预测的路由（history-based prediction routing，HBPR）算法，其充分利用节点的行为信息来寻找最佳的下一个转发节点。HBPR 算法在寻找下一跳中继节点时主要依据下述三个因素，即节点移动的稳定性、利用马尔可夫模型预测的节点移动方向、相邻节点与源节点到目的节点间直线的垂直距离。实验结果显示，HBPR 算法无论是在投递率还是在网络开销方面都远优于 Epidemic 算法。基于洪泛的路由算法在进行信息传输时会产生大量的数据冗余，极大地增加了网络传输开销，降低了整个网络的吞吐率。同时，大量冗余数据的传输对能量供给非常受限的节点在能耗方面也是一个极大的挑战。因此，针对上述问题，文献[6]提出了一种基于代理的路由算法来提高机会网络的吞吐率和能效。在该算法中，代理节点通过监控网络历史成功传输接收情况来最小化数据的转发次数，从而达到降低能耗和网络中副本数量的目的。

2. 基于编码的路由算法

在基于复制的路由算法中，为了提高数据包传输的可靠性，往往引入编码技术[7-10]。网络编码（network coding，NC）和纠删码（erasure coding，EC）常被当作一种有效的技术来对源数据进行编码，编码后的数据包则构成网络中的数据流。目的节点收到一定数量的数据包后，就可以对源数据进行重建。网络编码允许中继节点对接收到的数据包进行编码，而纠删码只允许源节点对数据包进行编码，然后分割再进行复制传输，最终在目的节点进行组合和解码重建，从而保证了大尺寸数据块的低开销传输[7]。文献[8]利用网络编码技术设计了一种路由算法，其在经过大量中继节点的复制转发后，仍能维持相对恒定的网络开销和传输时延。

在该算法中，所有的数据在源节点完成编码并形成小的数据块，然后基于两跳中继进行转发直至到达目的节点。在目的节点，基于获得部分编码后的数据即可完成对原始数据的重建。文献[10]则在 Epidemic 算法中引入了网络编码技术，通过性能对比分析发现，其网络开销得到了大幅度降低。

2.2.2　基于转发的路由算法

在基于转发的路由算法中，数据包或者信息通过选定的最佳中继节点进行转发，最终通过多跳传输到达目的节点。发送节点每次把数据包转发给下一跳最佳中继节点，而不是对数据进行多副本洪泛。在基于转发的路由算法中，任一时刻网络中只有一个数据包存在，因此该类算法对网络资源的消耗最少，但是其成功投递率和传输时延相对基于复制的路由算法来说较差。基于转发的路由算法可以细分为五类，即基本转发路由算法、基于预测的转发路由算法、基于时间的转发路由算法、基于存储区管理的转发路由算法和基于社交关系的转发路由算法。

1. 基本转发路由算法

最基本和最简单的基于转发的路由算法是 DD[11]、DT[12] 和 FC[13]。DD 算法是基于两跳转发算法的改进，即如果有可能，源节点会直接把产生的数据包转发给目的节点，如果没有这种可能，源节点则会把数据包转发给一个随机挑选的中继节点，由它来完成数据转发。DT 算法可能是最简单的路由算法。在该算法中，源节点直接把数据包转发给目的节点；如果源节点不在目的节点的通信范围内，源节点则将一直携带该数据包，直到它移动到距目的节点足够近的位置后再将数据包进行投递。DT 算法采用直接传输转发和单副本路由技术，可靠性高且具有最少的传输开销，但是具有最高的传输时延。在 FC 算法中，当携带数据包的节点遇到一个以前没有携带过该数据包的节点时，即便前者对后者的属性等知识一无所知，携带数据包的节点仍会把该数据包转发给相遇节点，同时从自身的存储区中删除该数据包。

2. 基于预测的转发路由算法

在对中继节点进行选择时，如果能够对中继节点的运动状态进行预测，将有效提高数据的传输质量。因此，文献[12]和文献[14]～[21]等在路由算法设计中引入预测机制，以对中继节点的选择进行优化。在 Seek and Focus 算法中[12]，分为两个阶段，即 Seek 阶段和 Focus 阶段。在 Seek 阶段，发送节点以概率 P 把数据包随机转发给其邻居节点；而在 Focus 阶段，数据的转发与否基于邻居节点的效用值而定。效用值的大小和该邻居节点与目的节点的最近相遇时间有关。只有效用值超过预设门限值的邻居节点才能作为下一跳转发节点。此外，在该机制中，通过一个计时器的设置来实现两个阶段间的切换。Spray and Focus 算法[14]也分为两个阶段。在 Spray 阶段，基于摘要向量和转发令牌，发送节点首先将预定数量的副本"喷洒"到网络中。在 Focus 阶段，每个中继节点基于效用值的大小把其携带的副本转发给另外一个更加合适的节点。节点合适与否有不同的标准，例如，基于一组计时器记录两个节点最后一次相遇时的时间，然后做出转发决策等。在 Focus 阶段，数据携带节点不会将任何数据包转发到另一个节点，除非后者的效用值大于其自身的效用值和效用阈值之和。文献[15]是对文献[12]、[14]的改进，也分为两个阶段。该机制也有一个预设的数据包副本数量，在第一阶段发送节点把 50%的副本数转发给其他节点，剩余的 50%副本留在自己的存储区内，然后转入第二阶段，即直接转发或者基于效用值进行转发。文献[16]利用马尔可夫链来对节点的移动模式和社交特征进行建模和预测，然后基于二元喷射机制设计了一个多副本的路由算法。该算法基于这样一个假设，即节点通常在人们活动的聚集区周围移动，例如，在校园中，节点通常在教室、自助餐厅和实验室周围移动。当节点处于同一个聚集区时，可以完成数据交换，当节点处于不同的聚集区时，认为其间没有建立连接而无法完成数据传输。文献[17]提出了一种基于上下文感知的自适应路由算法，采用卡尔曼滤波器进行预测，并基于效用函数进行下一跳中继节点的选择。在该算法中，节点的发送概率由节点根据其自身的上下文信息（如节点的移动性和电池电量）进行周期性计算。然后，每个节点向其邻居节点广播其更新的投递概率和路由信息，后者则会基于 DSDV（destination sequenced distance vector）算法[18]将上述信息在网内传播。每个节点都会对上述信息进行收集，并选择具有最大投递概率的节点作为最佳中继节点进行数据转发。文献[19]利用节点的位置信息提出了一种基于移动跟踪的路由算法，利用节点的移动方向进行下一跳中继节点的选择。每一个节点都会生成一个移动轨迹文件，该文件包含了该节点活动的规律性信息。通过这些文件，每个节点的移动方向都能够得到完美预测，然后依据目的节点的当前位置和运动轨迹预测即可选出最佳的下一跳中继节点。但在该算法中，每个节点需要定期向其他节点发送一个包含其节点标识、位置和时间戳的信标，这会给用户带来隐私泄露的风险，设备也容易遭受外部攻击。为了缓解网络内节点规模过大对算法造成的压力，解决路由算法可扩展性的问题，文献[20]提出了基于地理路由的 EASE 算法。在该算法中，每一个节点都会记录其最近一次与目的节点相遇的时间和地理位置，当前携带数据包的节点会基于这些信息和数据包遍历的节点数量进行转发决策。文献[21]综合考虑移动机会网络中设备资源受限的特点，提出了 GameR 路由算法。该算法通过预测资源利用率和历史投递率来构建效用函数，然后把数据包投递看作一个讨价还价的过程，利用博弈论来指导数据包的转发和复制，在保证数据投递性能的基础上使得数据包的平均副本数量最少。该算法在对设备资源优化利用的基础上实现了较高的投递率和较低的传输开销。

3. 基于时间的转发路由算法

在移动机会网络中，在进行路由算法的设计时，往往会把时间因素考虑在内，例如，文献[13]、[22]、[23]都采用了基于时变的最短路径设计思路。文献[13]提出了四种基于时间的中继节点选择策略，即最小期望时延（minimum expected delay，MED）投递策略、最早投递（earliest delivery，ED）策略、基于本地队列的最早投递（earliest delivery with local queue，EDLQ）策略和基于全局队列的最早投递（earliest delivery with all queue，EDAQ）策略。MED 投递策略把平均等待时间、传播时延和传输时延之和作为下一跳的传输开销，然后利用主动路由算法进行数据传输。在 ED 策略中，源节点采用 Dijkstra 最短路径算法进行路径规划，但是沿途节点的存储区大小不作为算法的考虑因素，即便数据包有可能在这些节点上因为缓冲区溢出而被丢弃。在 EDLQ 策略中，下一跳的时延通过本地队列的占用情况进行计算，而且在每一跳要对路径进行重新运算。在 EDLQ 策略中，依据排队的情况可以计算出瞬时队列长度，基于这些信息，源节点可以为待发送的数据包计算出最优路径，沿途的各个节点则在数据包到达时为其预留容量。文献[22]基于对链路状态的预测提出了一种延迟容忍链路状态路由（delay-tolerant link state routing，DTLSR）协议。每个节点通过维护网络图谱来获得网络状态的全局知识，并基于 Dijkstra 最短路径算法来为待传输的数据选择最优的传输路径。文献[23]提出了一种基于延迟容忍的分层路由（delay-tolerant hierarchical routing，DHR）协议，其把所有节点间的接触信息综合构建为汇聚层。在汇聚层之上的节点可以维护相对稳定的网络信息，该层以下的节点基于最短路径构造来维护时变信息。

4. 基于存储区管理的转发路由算法

由于节点存储空间有限，且数据在节点之间进行长时间传输，部分路由算法在进行设计时会融入存储区管理技术和拥塞控制技术来提高网络的性能和数据传输的质量[24-28]。当数据包被转发到网络内的其他相遇节点时，如果该节点没有足够的存储空间，则其可以选择接受该数据包，也可以选择拒绝该数据包。网络中的节点会对缓冲区中的数据包总数和数据包大小设置一定的门限值，也会在一段时间后丢弃存储区中的部分数据包，以释放存储区空间。

文献[24]提出了一种基于生存时长（time-to-live，TTL）的路由（TTL-based routing，TBR）算法。在该算法中，每个节点会依据数据包的 TTL 值、跳数、副本数量、数据包大小等建立一个优先级队列，用于对数据包进行转发调度或者丢弃。每个节点在其存储区内都维护一个已投递成功的数据包列表。目的节点将已成功收到的数据包标识插入该投递列表中，当节点间彼此相遇时，最新的已成功投递的数据包信息在节点间进行扩散。根据该列表，已投递成功的数据包副本将从节点存储区中删除。文献[25]提出了一种基于副本数的路由算法，其通过在每个节点上维护一个列表来估计给定时间段内数据副本数量，然后融合数据包属性（副本数、TTL 和已生存时长等）来对数据进行优先级管理。文献[26]提出了一种增强型的缓冲区管理策略（enhanced buffer management policy，EBMP），以最大限度地提高数据包的投递率并减小传输时延。每个数据包的效用值可以通过数据包属性来计算，如数据包副本数、生存时长以及剩余 TTL 等。文献[27]提出了消息联合丢弃机制来优化平均投递率和平均传输时延。网络中每个节点维护一个与其相遇的节点列表以及携带数据包的状态列表。在每次节点相遇或者发生数据交换之后，节点都要对上述列表进行更新，同时在网络中发布这些信息，以保证网络中的所有节点在最短的时间内获取网络的全局信息（包括节点相遇和数据包扩散状态）。文献[28]通过对比分析对数据的优先级方案进行了研究，结果显示，基于对数据包进行不同优先级的分配，网络在投递率均衡、传输时延和网络开销等方面都得到了极大改善。

资源可获取性也应该是机会网络能够提供的潜在服务之一[29,30]。文献[29]提出了一种新颖的数据缓存方案，它在网络内选取中心节点进行内容缓存，以供其他节点方便地读取。文献[30]提出了一种全新的资源定位算法，通过内容摘要挖掘和主动资源发布来提高资源的被发现率。在该算法中，节点会定期广播自己的资源，并在现有路由算法的基础上提出一种用于资源定位的消息分发机制，以便于更加有效地提供服务。

5. 基于社交关系的转发路由算法

在移动机会网络中，作为基本单元的移动设备一般是由人携带的，因此其数据传输水平受制于人的活动。近年来，科研工作者开始关注人的活动规律，并把人的社交关系融入路由算法的研究中[31-36]。文献[31]引入人的关系信息，设计了基于情景信息预测的路由算法。在该算法中，当两个或者多个节点出现在同一传输范围内时，发送节点会向所有第一跳邻居节点发送一个控制信息。该控制信息其实是一个哈希值对，包含所有与该节点相关的数据，如姓名、居住地址、工作地址、国籍和爱好等；然后，第一跳邻居节点将自身哈希值对与接收到的哈希值对进行比较，以计算其与目的节点的相遇概率；接下来，这些节点会继续广播自己的控制信息给各自的第一跳邻居节点，使得后者能够计算其与目的节点的相遇概率并返回给第一跳节点。第一跳节点将会从其邻居节点中选择具有最高相遇概率的节点发送给数据发送者，数据发送者将基于这些信息进行内容转发。

文献[32]提出了一种基于情景信息的路由算法——PROPICMAN，可以在没有任何邻居节点知识的情况下对数据进行路由。在这种算法中，节点不需要因为路由问题向邻居节点发送自身的属性信息，而是依据数据包到达目的节点的概率来选择最佳的邻居节点进行数据转发。该概率值的获取则是通过发送节点向其两跳邻居节点发送一个消息头而得到，该消息头包含了发送节点所知道的关于目的节点的所有信息。根据这些信息，邻居节点将基于其在一天、一周或者一个月内的活动进行移动行为预测，然后利用预测结果计算投递概率。这就意味着每个节点都可以对自己的投递概率进行计算并构建自己的信息摘要（就是一个哈希值对）。任何节点收到发送节点的消息头，都会和自己的信息摘要哈希值对进行对比，从而获得最大的投递概率。数据采用隐藏的方式进行传输，因此除了目的节点外其他中继节点都无法对其内容进行读取，从而保证了数据的私密性。

文献[33]提出了一种与谷歌算法 PageRank 相似的协议，即 PeopleRank。在该协议中，如果一个节点与其他重要的节点存在社交关系，则该节点将被赋予高的权重值。当两个节点相遇时，双方首先相互交换各自当前的 PeopleRank 值和各自具有社交关系的节点信息，然后依据最新获得的网络知识对自己的 PeopleRank 值进行更新。一个节点与其他节点相遇的次数越多，该节点的社交关系越广泛，在网络中的重要性越高，PeopleRank 值越高。相对于 Epidemic 协议，PeopleRank 协议能够降低 50%的数据重复传输率且具有更高的数据投递率。

文献[34]提出了一种基于社交关系的转发算法，即 Bubble rap 算法。在该算法中，把节点所属的社区（social community）当作辅助数据路由的上下文信息。每一个节点至少属于一个社区，且具有局部社交排名和全局社交排名等属性。局部社交排名仅在其所属的社区内有意义，而全局社交排名则是在整个网络内依据社交关系进行统一排名。基于节点间的接触情况，社区自动生成并进行标记。当源节点向目的节点发送数据时，它开始寻找与目的节点属于同一社区的节点，如果找不到这样的节点，源节点将尝试将数据转发给与目的节点所属社区有更多相遇机会的社区节点。其实，在很多文献中，这种能与多个社区发生社交关系的节点也称为桥节点，其负责完成不同社区间的数据中继任务。

文献[35]利用中心度和相似度等图论的概念从网络拓扑的角度来计算节点在网内的重要程度，并提出了一个基于社交关系的路由算法 SimBet。该算法通过三种不同的方法获取节点的中心度，即弗里曼度（Freeman's degree）、紧密中心度（closeness centrality）和介数中心度（betweeness centrality）。SimBet 算法利用上述度量为每一个节点计算一个效用值，然后基于这些效用值从一组节点中选出一个桥节点来建立其邻居节点和目的节点之间的连接。最终，只有桥节点能够被用来进行数据转发。但是，SimBet 算法不允许在两个具有相同效用值的节点间进行数据转发。

文献[36]提出了一种基于新鲜度的路由算法 FRESH。该算法的基本逻辑是，一个在 5min 内遇到目的节点的移动节点很可能比一个 5h 前遇到目的节点的移动节点距离目的节点更近。在 FRESH 算法中，每个节点维护一个所有节点最近相遇的记录，只有当相遇节点与目的节点相遇的时间比当前携带数据的节点更晚时，后者才会转发数据。

2.2.3　混合路由算法

在混合路由算法中，所有的算法都融合了转发机制和复制机制，以提高其数据投递性能。该类算法可细分为基于效用值复制的算法、基于 Spray and Wait 的改进算法和基于 Epidemic 的改进算法。

1. 基于效用值复制的算法

基于效用值复制的算法的主要思想是，基于效用值选择最佳的中继节点进行数据包的复制和转发[37-42]。文献[37] 提出了一种代表转发路由（delegation forwarding routing）算法，假定每个节点都有一个与其相关联的质量因子，该质量因子表征该节点适宜进行中继的程度。如果一个节点遇到另外一个节点，且该相遇节点的质量因子高于所有遇到过的节点，则当前节点会把数据复制给相遇节点。但是，该算法会增加网络开销，因为每个节点在碰到更合适的节点前不得不把数据携带很长一段时间，从而增加了对网络资源的占用。文献[38]提出了一种与 Epidemic 算法类似的算法——ProPHET。在该算法中，当节点相遇时，首先交换数据包的摘要信息，这些摘要信息包括每个节点对数据包投递概率的预测。如果一个节点刚刚到达某一个位置若干次，那么该节点具有更高的概率在未来再次访问该位置，这个概率值会随着时间衰减且具有传递性。在交换摘要信息后，源节点会把数据包转发给具有更高预测投递概率的节点。相比于 Epidemic 算法，ProPHET 算法能够以较小的传输开销实现较高的投递率。

在 ProPHET 算法中，如果两个节点呈现规律性的接触，则其投递概率的预测值会增加，反之如果网络中断导致两个节点无法相遇，则其各自的投递概率预测值会减小。如果一段时间后两个节点又相遇，则投递概率预测值又会增加。如果上述情况频繁发生，则会导致路由抖动。为了解决该问题，文献[39]提出以平均投递概率预测值来指导中继节点的选择，实现对路由抖动的平滑。文献[40]提出了一种面向意向容迟网络的资源分配协议——RAPID 路由算法,其基于平均传输时延设计效用函数并对每一个数据包进行效用值计算。在进行数据转发时,具有最大效用值的数据包具有最高的转发优先级,以实现对传输时延的优化。文献[41]提出了一种名为 DTC 的路由算法,其通过对下一跳节点的效用值计算来进行最优中继节点的选择,而在进行效用值计算时主要考虑节点能量、发现时间间隔、路径等因素。

文献[42]提出的 PREP 算法则是 Epidemic 算法的变种。在 Epidemic 算法中,当网络负载过高时,大量的数据包将会被丢弃以节省存储空间和传输带宽,但是也会导致投递率的降低。PREP 算法则主要解决在这种情况下哪些数据包被丢弃对网络投递性能影响最小,哪些数据包进行优先传输使数据传输质量增益最大的问题。换言之,PREP 算法基于投递开销和死亡时间来对数据包的优先级进行分配,然后在网络负载超过门限值时利用数据包的优先级来决定将其转发或者丢弃。当节点相遇时,距离目的节点较近的数据包比距离目的节点较远的数据包具有更高的优先级,如果网络资源不足,则前者被转发而后者被丢弃。

2. 基于 Spray and Wait 的改进算法

基于 Spray and Wait 的改进算法主要基于对 Spray and Wait 算法的改进,如 HiBOp 算法[43]和 EBR 算法[44]。在 HiBOp 算法中,源节点通过上下文信息计算出一个节点的效用值,然后依据该效用值"喷射"一定数量的数据包副本。该算法通过已知的目的节点上下文属性信息来计算网络中节点的数据投递潜力,与目的节点属性越匹配的节点,与目的节点具有更高的相似度,数据成功投递潜力越大,更适宜进行数据转发。EBR 算法则是在"喷射"阶段基于历史接触信息进行数据包的转发,接触率高的相遇节点更适合作为数据中继节点。

3. 基于 Epidemic 的改进算法

基于 Epidemic 的改进算法较多,但 MaxProp 算法[45]是其中最为典型的一个基于洪泛的混合路由算法。该算法的根本目的是,在假定节点的存储资源和带宽资源都受限的情况下,对数据包的传输和调度进行优化。每个节点都维护一个网络中所有节点的向量,当两个节点相遇时,首先相互交换各自维护的节点向量,然后基于更新后的节点向量估算到达目的节点的最短路径。数据包的优先级不仅基于端到端之间存在路径的可能性,还基于一系列的辅助信息。MaxProp 算法通过广播确认信息来告知相遇节点关于已经投递成功的数据包信息,以便于后者从其存储区中删除这些信息,从而节省了节点资源。

2.3　基于车的机会路由算法

以车为基本单元的机会网络和以人为基本单元的机会网络在本质上没有太大的差异，都是借助载体的移动性并利用设备间的接触进行数据传输的。但是，以车为基本单元的机会网络又具备一些独有的特征。首先，车辆的移动速度远大于人的运动速度，导致设备在单次接触过程中有效通信时长很短；其次，车辆和人有不同的属性，因此具有不同的移动模型，以车为基本单元的机会网络由于接触间隔与接触时长方面的差异，和以人为基本单元的机会网络具有不同的分布规律；再次，以车为基本单元的机会网络通常应用在城市场景，有更多的基础设施可以用于辅助数据传输；最后，车辆的运动一般与城市的交通网络相匹配，具有更高的可预测性，而人的运动则更随机。因此，基于人的机会路由算法无法有效地应用在以车为基本单元的机会网络中。由此，车联网成为一个单独的分支得到学术界的研究，本节也对其机会路由算法单独展开介绍。

在过去的研究中，人们往往把以车为基本单元的机会网络看成一个完全连通的网络，即 VANET。但是，在实际的应用场景中，由于红绿灯、车辆密度稀疏等情况，车辆之间绝大多数时间并不是完全连通的。因此，传统的、适用于全连通网络的路由算法和转发协议无法在这些场景中进行数据传输[46]。VANET 中的路由算法旨在建立网络节点之间的端到端连接，因此假定端到端之间的路径是存在且可用的。这与实际的网络环境不符，因此数据的存储-携带-转发依然是以车为基本单元的机会网络中数据传输采用的基本模式。很多路由算法既可以应用在以人为载体的场景中，也可以应用在以车为载体的场景中。本节主要介绍以车为基本单元的机会网络中常用的协议和算法。

2.3.1　基于地理信息的路由算法

地理路由是在以车为基本单元的机会网络中最具有应用前景且最有希望提高路由效率的算法。文献[47]提出了一种基于地理位置的机会路由算法——GeOpps，其主要利用车辆的地理位置信息把数据包投递到一个距离目的节点更近的位置并转发给另一个合适的节点，这样能够把数据包投递到更靠近目的节点的车辆就成为下一个数据包的中继节点或者载体。该算法是一个单副本的机会传输算法，地理位置信息的辅助主要是为了提高以车为基本单元的机会网络中单副本路由算法的性能。一个携带数据包的车辆可能永远无法到达目的节点所在的位置，但是其会在一个时间点到达距离目的节点最近的位置。该位置称为最近点，常被用于对最小估计投递时间（minimum estimated time of delivery，METD）进行估算。

最小估计投递时间常被用来进行数据包转发决策,具有最小估计投递时间的车辆就是最优的下一跳转发节点。GeOpps 算法假定携带数据包的车辆在到达最近点时总能找到另一个合适的车辆进行数据转发。但是在某些情况下,把数据包转发给一个速度较慢但距离目的节点更近的车辆更具有实际意义,而不是投递给一个比携带数据包的车辆更快到达最近点的车辆。

单副本路由算法的局限在于无法发现多条不同的路径,而在这些路径中可能存在一条比实际传输路径更优的途径。因此,文献[48]在 GeOpps 算法的基础上融入了多副本传输的思想,提出了一种新的地理路由算法——GeoSpray。多副本路由算法以高投递率和低传输时延等特点被大家广泛接受,但其多副本投递的同时也带来了高的传输开销。GeoSpray 算法引入了 Spray and Wait 算法来对网络中数据包的副本数量进行限制。其最初采用多副本路由机制,在网络中散播 L 个副本,以充分利用多径的优点,然后进入第二个阶段,即每个副本都采用单副本的数据投递模式进行传输。同时,GeoSpray 算法还通过对已投递成功的数据包信息进行广播,使得节点能够及时对其携带的数据进行清洗和删除。实验对比结果显示,GeoSpray 算法与 GeOpps 算法相比具有更高的成功投递率,但是成功投递率的增长是以多副本引起的传输开销增长为代价的。而从传输开销来看,GeoSpray 算法要远低于 Epidemic 算法,与 Spray and Wait 算法相当。

在上述算法中,对最近点位置的计算都是车辆在相遇过程中进行的。很多时候,由于车辆的速度较快,接触的时间很短,而最近点的计算主要是从很多路段中挑选出一个子集来构成一个最优路径,所以该过程相对较慢,浪费掉很多传输机会。因此,GeOpps 算法还包含了另外一种简化算法,即用直线距离进行转发决策。这种算法计算速度很快,不会占用太多的接触时间,但是其没有考虑车辆到达目的节点的实际移动路线,算法的精度相对较差。

在上述算法中一个重要的假设就是目的节点是静态的,所以如果目的节点发生移动,则会对算法的性能产生较大的影响。为了解决上述问题,文献[49]提出了一种位置感知的机会路由算法。在该算法中,移动的目的节点会通过位置发布服务在网络中散播其新的位置信息。但是,该算法在一个基于无人机的真实应用场景中进行了验证,道路交通网络并没有得到充分考虑。文献[50]基于代表转发路由算法提出了 CAD(converge and diverge)算法,其通过两个阶段把数据包投递到移动的目的节点。在 converge 阶段,该算法基于目的节点的历史位置、移动速度和经过时间对目的节点的活动半径进行估算,而活动半径的估计值会随时间进行更新。当携带数据包的车辆与其他车辆相遇时,如果综合当前位置到目的节点的距离、移动速度、移动方向等因素判定相遇车辆能够更快到达目的节点所在区域,则当前车辆会复制数据包的一个副本给相遇车辆。一旦携带数据包的车辆到达目的节点的活动区域,则 diverge 阶段开始启动。在 diverge 阶段,不再考虑车辆的移动方向，仅把覆盖整个目的节点活动范围的车辆速度作为挑选中继节点的唯一因素。文献[51]基于相似的思路提出了一种延迟容忍的烟花路由（delay tolerant firework routing，DTFR）算法。该算法把数据包传输看作一个放烟花的过程，也分为两个阶段。在第一个阶段，数据包基于单副本路由算法，利用地理位置信息，像一束烟花一样被投射到目的节点活动范围内的一个预先选定的位置点，该位置点一般是目的节点活动范围的中心点。数据包被投递到该点以后进入第二个阶段，即像烟花爆炸一样对数据包进行复制，从而在该中心点的周围对称地产生 L 个副本，以最快的速度完成对目的节点活动区域的投递覆盖，并最终实现对移动目的节点的数据投递。该文献还设计了一个仿真器，能够基于简单的道路交通网络和大规模的节点对移动车载机会网络中的数据投递过程进行模拟。与 CAD 算法相比，DTFR 算法具有更低的传输开销，因为其在第一个阶段采用了单副本方式进行数据投递，而 CAD 算法在第一个阶段采用代表复制的传输模式。此外，文献[52]提出了一种基于地理信息的混合路由算法，能够在多个传输模式间进行切换，节点密集的时候网络链路状态较好，采用无线多跳的方式进行数据传输，节点比较稀疏的时候会切换到存储-携带-转发模式进行数据投递。

2.3.2　基于组播的路由算法

在因特网或移动自组织网络的数据传输过程中，通常假设组播内的成员很少发生变化。这在本质上是因为在这些类型的网络形态中，网络是全连通的，数据传输时延非常小。但是，在延迟容忍的网络形态中，如移动机会网络中，由于过长的连接时延和网络分割，组播群内的成员会频繁变化。另外，在很多潜在的延迟容忍应用场景中，基于群组的数据传输方式特别重要。文献[53]给出了一种与组播相关的应用场景，在一个城市公交系统中，交通运输机构希望给乘客推送与其位置相关的个性化新闻或者信息服务。这时，公交车就可以首先通过蜂窝网络进行相关数据的下载和更新，然后通过与特定区域其他公交车的机会接触完成车与车之间的信息传输，最终到达公交车内的一组用户，完成组播投递。因此，很有必要设计基于组播的路由算法来应对数据传输在这些场景下所面临的挑战。

文献[54]提到了三种延迟容忍场景下的数据组播模式：单节点模式、单副本模式和多副本模式。在单节点模式下，源节点携带数据包运动直到遇到群组内成员，再进行数据投递，此外，不会进行数据转发；在单副本模式下，源节点在遇到群组内成员之前允许依据一定的性能指标挑选更合适的节点作为中继节点进行数据转发，但保持网内只有一个副本；在多副本模式下，源节点在完成对所有组播成员的数据投递之前，如果遇到合适的中继节点，则可以进行数据包的复制。

在单节点模式下，如果源节点与其他节点的接触率较低，则组播的投递率将会是一个很大的问题，但其总计复制的次数和组播成员的数量相同，开销最小。单副本模式其实是对单节点模式的改进，借鉴了代表转发路由算法的思想，允许源节点把数据包委托给更适合的节点进行投递，提高了组播的投递率，降低了组播延时，但传输开销并没有得到明显提高。多副本模式的优点显而易见，多个副本同时存在且独立并行传播，利用了多径的数据传输理念，相对于其他两种模式更适合进行数据的多径传输，但是多副本模式的加入使得数据的传输开销急剧增加。

文献[55]综合了地理路由、PRoPHET、Spray and Wait 等算法的特征，面向车辆移动机会网络提出了一个新的组播路由算法——New-VDTN。该算法主要以车辆的分布密度为依据，考虑两种场景下的数据投递性能，即类似乡村的车辆稀疏场景和类似城市区域的车辆密集场景。前者节点比较稀疏，网络连通性较差，而后者节点密度相对较高，网络连通性较好。对这两种场景的区分主要是通过对节点间的相遇情况进行估计而得到的。如果节点检测到其处于一个节点比较密集的场景，则会充分考虑相遇节点的移动方向、存储等因素，精心地挑选一些中继节点对数据进行投递。源节点会根据信息的优先级给其产生的每一个数据包分配一个 TTL 值，使得网络能够及时丢弃存在时间超过阈值的数据包，从而避免网络发生拥塞。数据的调度也是基于数据包的优先级和对节点存储的占用状况估计进行的。在节点相对稀疏的场景下，该算法的目的就是尽可能地把数据包转发给更多的车辆，以期获得更高的投递概率。

2.3.3　基于优化的路由算法

在移动机会网络中，数据通信的基本单元是移动设备，其资源（如能量、运算能力、存储等）往往非常受限；同时，设备间通过无线接口进行通信，且经常处于多用户相遇的场景，多种无线干扰共存，再加上节点的高速移动导致接触持续时间较短，所以从网络的角度来说其链路的容量也非常受限。因此，如果能够建立一个移动车载机会网络的数学模型对网络资源进行整合，并设计一个路由算法，能有效提高数据的传输质量和投递水平，这在本质上就是把路由算法设计的问题转换成网络资源优化问题，并基于特定的数学理论进行求解。这种数学模型的复杂度非常高，且能够获取的网络相关信息非常少，因此人们通过设计一些启发式算法来解决移动车载机会网络中的数据传输问题，即便这些算法并没有一定的理论支撑。

数学模型的好处在于，能够使人们在设计路由算法时更具有洞察力和预见性。近年来，出现了一批基于某些数学模型的数据转发算法。文献[56]提出了一个基于动态规划的链路调度和数据转发的联合优化算法，通过对数据包效用函数的建模和对效用值的求解为每一组数据包分配带宽资源，以优化特定的路由性能指标，如平均传输时延、最差传输时延或者平均投递率等。在该算法中，资源的约束主要考虑链路的数据传输带宽和设备的存储容量。对网络信息的获取主要是通过网络内节点对收集的网络信息进行交换而实现的。尽管该文献中提出的优化算法对其理论最优解的计算被证明是一个 NP-hard 问题，但是为了对该优化问题进行建模和理论分析，设计了一个启发式优化算法来获得接近于理论最优解的方案，然后依据该方案对数据包进行调度和转发。该算法在计算数据包效用值时需要网络的全局信息（如网络中每个节点携带的数据包的状况等，或者称为辅助信息）作为支撑，这些信息越准确，计算出来的数据包效用值越精确，优化算法对数据包的调度越精准，但是这些信息（辅助信息）在网络内的传输会造成很大的传输开销。因此，文献[56]提出了 Max-contribution 算法，该算法能够基于局部有限的网络信息获得次优结果（该结果非常接近于只能在全局信息支撑下才能获得的最优结果），同时为了减少网络辅助信息的交换，采用数据融合技术对节点交换的信息进行汇聚。尽管该算法基于当前时刻网络的可用信息对优化问题进行了建模，但是对其进行求解仍是一个 NP-hard 问题，作者设计了一个启发式优化算法来对最优解进行求解。该算法与文献[55]所提算法的差异是，前者采用贪婪链路调度，而后者采用随机链路调度。

2.3.4　基于移动预测的路由算法

随着车载导航设备的普及，基于已知的道路交通网络，对车辆的移动性和轨迹进行准确预测已经成为可能，特别是在车辆目标位置已知的情况下。这些预测信息可以用于设计最优的数据投递路线或者对目标进行跟踪和定位等。文献[57]基于数据挖掘技术发现了车辆活动行为的时空相关性，并指出了车辆未来的移动轨迹与其过去的移动轨迹有很大关系。但是，仅知道其间的相关性还远无法满足路由设计的需求，对移动轨迹的准确预测才是支撑数据高效投递的根本，特别是在移动车载机会网络这样一个拓扑动态变化、链路时断时续的应用场景下。

文献[58]率先提出了利用车辆的运动矢量等信息来对节点的移动性进行预测，并基于此设计了基于矢量的路由（vector based routing，VBR）算法。该算法基于这样一个假设，即在节点相遇时可以相互交换各自移动的方向信息和速度大小。利用这些信息，VBR 算法设计了一个效用函数，基于该效用函数，当节点相遇时，携带数据包的车辆就可以对数据包是否在相遇节点间复制转发进行决策。一般来讲，在 VBR 算法中，一个节点常会把其大部分数据包复制转发给运动方向与其自身移动方向相垂直的车辆，而很少向移动方向与其自身移动方向一致或者相反的车辆进行数据投递。其主要原因在于，与其自身移动方向相反的车辆在未来一段时间所遇到的车辆很可能就是当前数据包携带车辆在过去一段时间所遇到过的车辆，而这些车辆可能已经拥有该数据包的副本或者不适合作为中继车辆。对于移动方向和移动速度相同的车辆，其和当前数据包携带车辆具有同等的数据投递机会，所以也不会发生数据包的复制转发。但是，当相遇车辆的移动速度快于当前数据包携带车辆的移动速度时，前者能够较后者更快地获得投递机会，因此会发生数据包的复制转发，以提高机会投递性能。VBR 算法在进行数据复制转发的过程中考虑了四个方向的因素，特别是大量的数据包复制转发给了与其移动方向垂直的车辆，这无疑增加了网络中的副本数量，增大了传输开销。针对该问题，文献[59]提出了一个简化版的数据投递协议，即基于历史的矢量路由（history-based vector routing，HVR）算法，该算法仅考虑两个方向的车辆情况，即前面的车辆和后面的车辆。这样，数据的复制转发也仅发生在这两类车辆之间，从而抑制了数据包的过度增长，在一定程度上降低了网络的传输开销。HVR 算法可以看作 VBR 算法的扩展，该算法中的节点不仅要维护其自身的历史位置信息，还要维护所有遇到过的节点的历史位置信息。当节点相遇时，双方首先交换各自掌握的位置信息，然后基于这些位置信息和通过对目的节点可能所在位置的预测为每一个数据包估计一个该节点与目的节点的相遇概率。当邻居节点具有更高的相遇概率时，对数据包进行复制转发，如果有多个节点同时相遇，则挑选相遇概率最高的邻居节点进行数据包的复制转发。文献[60]基于对真实车辆间相遇间隔数据的统计提出了一种新的数据路由方法。该算法基于对中国两个大型城市的实际车辆移动轨迹的分析，利用高阶马尔可夫链刻画了数千辆公共车辆的移动模型。基于该移动模型，算法中的每个节点能够对其平均的传输时延进行预测。当携带数据包的车辆与其他车辆相遇时，该车辆会对其自身的传输时延和相遇车辆到目的节点的传输时延进行对比。如果相遇节点的估计传输时延低于其自身的估计传输时延，则当前携带数据包的节点会向相遇节点进行数据转发，反之，则当前节点继续携带数据运动直到碰到下一个更合适的节点。

值得注意的是，在前面的研究中，绝大多数的工作都集中在对两个车辆是否会发生相遇进行预测，而未考虑具体相遇的时间或者车辆定期访问的区域。基于此，文献[61]依据下述观察提出了一种新的预测与中继算法——PER 算法：首先，车辆等节点通常会在一些特定的位置附近进行有规律的活动，如学校、办公室等，并且在一个相对较长的时间维度内发生随机移动的概率很低；其次，车辆等节点的活动行为可以基于历史的活动机会进行预测。因此，PER 算法把车辆从一个经常访问的位置到另一个位置的移动看作状态的转移，从而采用时间齐次半马尔可夫过程对车辆的行为进行建模。基于该模型，通过对车辆移动规律的揭示来设计数据机会转发策略，以提高移动车载机会网络中的投递率并降低传输时延。文献

[62]提出了另外一种类似的基于区域的路由算法，该算法在进行数据转发算法设计时充分利用了节点的历史活动区域信息，并且通过对节点在这些历史活动区域的停留时间、进入时间和重新返回时间等数据的统计分析对任一节点出现在某一特定区域的概率进行了建模。

2.3.5 基于社交的转发路由算法

移动机会网络中的设备终端无论是以人为载体还是以车为载体，其移动性行为都受制于人的行为。节点的移动性对数据投递的质量非常重要，因此许多研究者都在研究如何利用社交行为和属性来优化路由算法的性能。文献[63]、[64]对该领域的研究成果进行了综述。本节对这方面的工作进行综述，并对社交网络的背景进行介绍。

为了利用社交特性进行路由算法的设计，对社交网络的分析就显得特别重要。目前，对该领域的研究主要集中在以下几个方面：社区探测、信息传播、推荐系统、安全和隐私[63]。社区探测对移动机会网络中的数据传输来说非常重要，因为同一个簇或者社区中的节点具有更好的连通性，这为路由算法的设计提供了依据。对信息传播的研究可以帮助人们对信息传播的过程进行建模，并揭示信息传播与投递效率、投递时间等规律性信息之间的关系。在进行路由算法设计时，一般用到的社交属性可以归纳如下。

1. 社交图或者连接图

对社交图或者连接图的应用在路由算法的设计中非常流行，因为其提供了一种更加直观地获取节点间社交关系度量的方法，如社区、中心度、相似度等，而基于这些属性或者度量可以完美地为最优中继节点的选择提供支撑。

2. 社区

在一个社交网络中，社区是指在一个时间维度内由某些社交关系较为亲密或者接触较为频繁的节点组成的集合。一个网络中可能存在多个社区，但是无论是社区的数量还是组成社区的节点都可能随时间发生变化。对节点的社区划分可以基于各种聚类算法来实现。与随机选择的其他节点相比，给定社区的节点更有可能遇到同一社区的其他节点。因此，在进行数据投递时，把数据转发给一个来自目的节点所在社区的用户会带来更优的投递性能。

3. 中心度

一个节点的中心度决定了该节点为其他节点进行数据中继的能力。对节点中心度的定义和度量有很多方法，如节点相连的边数、节点桥接不同社区的个数或者与其他所有节点的平均距离等。一个节点的中心度越高，其在网络中的地位就越高，被选为中继节点的概率就越大。

4. 相似度

相似度是指两个节点社交属性的相似程度，一般从共同邻居节点数量、相同的兴趣、相同的活动范围等方面进行度量。

5. 朋友关系

在移动机会网络中，朋友关系定义了两个节点间接触的频繁程度，一般通过历史的接触记录来度量。

接下来，将对基于以上属性进行路由算法设计的工作进行介绍。文献[65]基于蚁群优化算法，利用度中心度、中介中心度和社交邻接性等社交属性来设计机会路由算法，而文献[35]则利用中介中心度和相似中心度等社交属性来对数据的转发进行决策。当节点向处于另外一个社区的目的节点发送数据时，中介中心度被认为是能够用来度量一个节点桥接不同社区能力的关键属性。具有良好桥接能力的节点有助于在两个不同的社区之间执行高效的数据转发，因此该节点可以将数据包转发到一个具有更高中介中心度的节点。相似中心度在数据转发后期特别有用，因为相似中心度高的节点更可能同属于一个社区且彼此相遇的机会更大。因此，在一个社区内，将数据包转发到与目的节点具有更高相似中心度的节点会获得更大的投递机会。由此，Simbet 算法基于中介中心度和相似中心度两个社交属性来为节点建立一个效用函数模型，然后基于节点的综合效用值进行中继节点的选择和数据传输，从而实现了高效的数据投递。

文献[34]利用中心度和社区等属性提出了另一种算法——Bubble rap 算法，来进行数据包转发。在该算法中，对每个节点定义了两种中心度，即全局中心度和局部中心度。当节点要向目的节点进行数据投递时，会采用冒泡法把数据包向具有更高全局中心度的节点逐级转发，直到数据包到达目的节点所在的社区。数据包进入目的节点所在社区，表示进入数据投递的第二个阶段时，社区内的数据转发。该阶段的数据转发仍然采用冒泡法进行，但是用节点在该社区的局部中心度替换了节点的全局中心度，直到数据包投递到目的节点。采用两种中心度对数据进行投递的初衷在于，对一个节点来说，其在全网范围内和在一个社区范围内可能具有不同的社交活性，节点在社区内部很活跃，但很可能与其他社区的节点交往很少；同样，个别节点和其他社区的节点交往很频繁，但其在社区内部未必就是最活跃的节点，这也很符合人的社交特性。

前面提到的算法都有一个缺陷，即在进行数据转发决策时都需要网络的全局信息作为支撑，而要想准确、即时地获取这些信息在一个弱连通的网络中是非常困难的。因此，文献[66]面向移动车载机会网络应用场景仅利用局部信息提出了基于社群的路由（social group based routing，SGBR）算法。该算法依据两个相遇节点的历史接触情况定义了连接度的概念，用来表征节点间社交关系的亲密程度。当实施 SGBR 算法时，如果一个节点遇到另一个节点，它只在与另一个节点的连接度低于某一个设定的阈值时才会进行数据包转发。这样，数据包才最有可能被转发到另一个与当前节点所属不同的社区。此外，该算法还采用了多副本的转发机制，但其与 Spray and Wait 算法类似，对副本的最大个数进行了限制。该算法与传统的机会路由算法相比在性能上有明显优势，但基于社交属性的路由算法具有较弱的场景适应性，应用场景的变化对路由算法的性能影响较大。

节点间的接触频率和接触持续时间是很多基于社交属性的数据转发算法所必需的关键支撑信息。但是，对这些信息的准确收集和使用面临很多困难，因为信息都是动态变化的，同时对这些信息的收集需要节点具备获取网络全局状况的能力。因此，文献[67]提出了利用相对静态的社交特性，如性别、社会地位、语言、出生地等来进行数据转发。如果两个节点最少有一个相同的特征，则可以认为这两个节点之间存在社交关系。所提算法以不同的社交特性为维度，形成一个超立方体，通过对特征的逐步匹配将数据包从源节点转发到目的节点。

文献[68]则提出了同时基于社交特征和地理位置进行数据转发。上述介绍的算法都属于外推类型，即源节点通过主动转发向目的节点进行数据投递。与之相反，文献[69]提出了一种目的节点发起的数据请求算法——Delque。在该算法中，中继节点不仅要负责对目的节点感兴趣的内容进行查询，还要把查询到的内容返回给目的节点。该算法的关键之处在于基于内容的定位和基于时空的预测。基于内容的定位可以知道请求的信息位置，而基于时空的预测可以知道哪些节点会在一个给定的时间段经常出现在一个特定的位置。由以上信息就可以设计高效的路由算法对节点请求的内容进行投递。

2.4 本 章 小 结

本章首先讲述了移动机会网络中数据传输的基本模式，然后对传输层的演化过程进行了简单介绍，最后对数据传输过程中的机会路由算法等进行了重点讲解，并分别对相关工作进行了详细总结。本章旨在让读者对移动机会网络中数据传输相关的关键技术有一个较为深刻的理解。

参 考 文 献

[1] Krifa A, Sbai M K, Barakat C, et al. Bithoc: a content sharing application for wireless ad hoc networks//2009 IEEE International Conference on Pervasive Computing and Communications, Galveston, 2009: 1-3.

[2] Hong S H, Song U S, Gil J M, et al. Sensor routing algorithm with two-layer priority for clustering. The Journal of Korean Institute of Information Technology, 2012, 10(12): 89-97.

[3] Psounis K, Raghavendra C S. Multiple-copy routing in intermittently connected mobile networks. Los Angeles :University of Southern California, 2004.

[4] Ni S Y, Tseng Y C, Chen Y S, et al. The broadcast storm problem in a mobile ad hoc network//Proceedings of the 5th Annual ACM/IEEE International Conference on Mobile Computing and Networking, Washington D. C., 1999: 151-162.

[5] Dhurandher S K, Sharma D K, Woungang I, et al. HBPR: history based prediction for routing in infrastructure-less opportunistic networks//2013 IEEE 27th International Conference on Advanced Information Networking and Applications, Barcelona, 2013: 931-936.

[6] Maddali B K, Barman D K. Agent-based multicast opportunistic routing protocol for wireless networks//Proceedings of the 2nd ACM Workshop on High Performance Mobile Opportunistic Systems, Barcelona, 2013: 1-8.

[7] Fujimura A, Oh S Y, Gerla M. Network coding vs. erasure coding: reliable multicast in ad hoc networks//MILCOM 2008-2008 IEEE Military Communications Conference, San Diego, 2008: 1-7.

[8] Wang Y, Jain S, Martonosi M, et al. Erasure-coding based routing for opportunistic networks// Proceedings of the 2005 ACM SIGCOMM Workshop on Delay-Tolerant Networking, Philadelphia, 2005: 229-236.

[9] Chen L J, Yu C H, Sun T, et al. A hybrid routing approach for opportunistic networks//Proceedings of the 2006 SIGCOMM Workshop on Challenged Networks, Pisa, 2006: 213-220.

[10] Lin Y F, Liang B, Li B C. Performance modeling of network coding in epidemic routing// Proceedings of the 1st International MobiSys Workshop on Mobile Opportunistic Networking, San Juan, 2007: 67-74.

[11] Grossglauser M, Tse D N C. Mobility increases the capacity of ad hoc wireless networks. IEEE/ACM Transactions on Networking, 2002, 10(4): 477-486.

[12] Spyropoulos T, Psounis K, Raghavendra C S. Single-copy routing in intermittently connected mobile networks//2004 1st Annual IEEE Communications Society Conference on Sensor and Ad Hoc Communications and Networks, Santa Clara, 2004: 235-244.

[13] Jain S, Fall K, Patra R. Routing in a delay tolerant network//Proceedings of the 2004 Conference on Applications, Technologies, Architectures, and Protocols for Computer Communications, Portland, 2004: 145-158.

[14] Spyropoulos T, Psounis K, Raghavendra C S. Spray and focus: efficient mobility-assisted routing for heterogeneous and correlated mobility//Fifth Annual IEEE International Conference on

Pervasive Computing and Communications Workshops, White Plains, 2007: 79-85.

[15] Spyropoulos T, Psounis K, Raghavendra C S. Efficient routing in intermittently connected mobile networks: the multiple-copy case. IEEE/ACM Transactions on Networking, 2008, 16(1): 77-90.

[16] Niu J W, Guo J K, Cai Q S, et al. Predict and spread: an efficient routing algorithm for opportunistic networking//2011 IEEE Wireless Communications and Networking Conference, Cancun, 2011: 498-503.

[17] Musolesi M, Mascolo C. CAR: context-aware adaptive routing for delay-tolerant mobile networks. IEEE Transactions on Mobile Computing, 2008, 8(2): 246-260.

[18] Perkins C E, Bhagwat P. Highly dynamic destination-sequenced distance-vector routing for mobile computers. ACM SIGCOMM Computer Communication Review, 1994, 24(4): 234-244.

[19] Poonguzharselvi B, Vetriselvi V. Data forwarding in opportunistic network using mobile traces// International Conference on Information Technology Convergence and Services, Bangalore, 2012: 425-430.

[20] Grossglauser M, Vetterli M. Locating nodes with EASE: last encounter routing in ad hoc networks through mobility diffusion//The 22nd Annual Joint Conference of the IEEE Computer and Communications Societies, San Francisco, 2003: 1954-1964.

[21] Li L, Qin Y, Zhong X X. A novel routing scheme for resource-constraint opportunistic networks: a cooperative multiplayer bargaining game approach. IEEE Transactions on Vehicular Technology, 2015, 65(8): 6547-6561.

[22] Demmer M, Fall K. DTLSR: delay tolerant routing for developing regions//Proceedings of the 2007 Workshop on Networked Systems for Developing Regions, Kyoto, 2007: 1-6.

[23] Liu C, Wu J. Scalable routing in cyclic mobile networks. IEEE Transactions on Parallel and Distributed Systems, 2009, 20(9): 1325-1338.

[24] Prodhan A T, Das R, Kabir H, et al. TTL based routing in opportunistic networks. Journal of Network and Computer Applications, 2011, 34(5): 1660-1670.

[25] Liu Q L, Li G D, Li Y, et al. Cache scheduling policy for opportunistic networks based on message priority. Journal of Information and Computational Science, 2013, 10(2): 621-632.

[26] Shin K, Kim S. Enhanced buffer management policy that utilises message properties for delay-tolerant networks. IET Communications, 2011, 5(6): 753-759.

[27] Krifa A, Barakat C, Spyropoulos T. An optimal joint scheduling and drop policy for delay tolerant networks//2008 International Symposium on a World of Wireless, Mobile and Multimedia Networks, Newport, 2008: 1-6.

[28] Erramilli V, Crovella M. Forwarding in opportunistic networks with resource constraints//Proceedings of the 3rd ACM Workshop on Challenged Networks, San Francisco, 2008: 41-48.

[29] Gao W, Cao G H, Iyengar A, et al. Cooperative caching for efficient data access in disruption tolerant networks. IEEE Transactions on Mobile Computing, 2013, 13(3): 611-625.

[30] Poersch A M, Macedo D F, Nogueira J M S. Resource location for opportunistic networks//2012 5th International Conference on New Technologies, Mobility and Security, Istanbul, 2012: 1-5.

[31] Nguyen H A, Giordano S. Context information prediction for social-based routing in opportunistic networks. Ad Hoc Networks, 2012, 10(8): 1557-1569.

[32] Angelakis V, Gazoni N, Yu D. Probabilistic routing in opportunistic ad hoc networks. IntechOpen: Wireless Ad Hoc Networks, 2012.

[33] Mtibaa A, May M, Diot C, et al. PeopleRank: social opportunistic forwarding//2010 Proceedings IEEE INFOCOM, San Diego, 2010: 1-5.

[34] Hui P, Crowcroft J, Yoneki E. Bubble rap: social-based forwarding in delay tolerant networks// Proceedings of the 9th ACM International Symposium on Mobile Ad Hoc Networking and Computing, Hong Kong, 2008: 241-250.

[35] Daly E M, Haahr M. Social network analysis for routing in disconnected delay-tolerant MANETs//Proceedings of the 8th ACM International Symposium on Mobile Ad Hoc Networking and Computing, Montreal, 2007: 32-40.

[36] Dubois-Ferriere H, Grossglauser M, Vetterli M. Age matters: efficient route discovery in mobile ad hoc networks using encounter ages//Proceedings of the 4th ACM International Symposium on Mobile Ad Hoc Networking & Computing, New York, 2003: 257-266.

[37] Erramilli V, Crovella M, Chaintreau A, et al. Delegation forwarding//Proceedings of the 9th ACM International Symposium on Mobile Ad Hoc Networking and Computing, Hong Kong, 2008: 251-260.

[38] Lindgren A, Doria A, Schelén O. Probabilistic routing in intermittently connected networks. ACM SIGMOBILE Mobile Computing and Communications Review, 2003, 7(3): 19-20.

[39] Xue J F, Li J S, Cao Y D, et al. Advanced PROPHET routing in delay tolerant network//2009 International Conference on Communication Software and Networks, Chengdu, 2009: 411-413.

[40] Balasubramanian A, Levine B, Venkataramani A. DTN routing as a resource allocation problem// Proceedings of the 2007 Conference on Applications, Technologies, Architectures, and Protocols for Computer Communications, Kyoto, 2007: 373-384.

[41] Chen X, Murphy A L. Enabling disconnected transitive communication in mobile ad hoc networks// Workshop on Principles of Mobile Computing, Newport, 2001: 21-23.

[42] Ramanathan R, Hansen R, Basu P, et al. Prioritized epidemic routing for opportunistic networks// Proceedings of the 1st International MobiSys Workshop on Mobile Opportunistic Networking, San Juan, 2007: 62-66.

[43] Boldrini C, Conti M, Jacopini J, et al. Hibop: a history based routing protocol for opportunistic networks//2007 IEEE International Symposium on a World of Wireless, Mobile and Multimedia Networks, Espoo, 2007: 1-12.

[44] Nelson S C, Bakht M, Kravets R. Encounter-based routing in DTNs. ACM SIGMOBILE Mobile Computing and Communications Review, 2009, 13(1): 56-59.

[45] Burgess J, Gallagher B, Jensen D D, et al. MaxProp: routing for vehicle-based disruption-tolerant networks//25th IEEE International Conference on Computer Communications, Barcelona, 2006: 23-29.

[46] Barros M T, Gomes R, Costa A, et al. Evaluation of performance and scalability of routing protocols for VANETs on the manhattan mobility model//The 37th Annual IEEE Conference on Local Computer Networks-Workshops, Clearwater, 2012: 686-693.

[47] Leontiadis I, Mascolo C. GeOpps: geographical opportunistic routing for vehicular networks//

2007 IEEE International Symposium on a World of Wireless, Mobile and Multimedia Networks, Espoo, 2007: 1-6.

[48] Soares V N G J, Rodrigues J J P C, Farahmand F. Performance assessment of a geographic routing protocol for vehicular delay-tolerant networks//2012 IEEE Wireless Communications and Networking Conference, Paris, 2012: 2526-2531.

[49] Kuiper E, Nadjm-Tehrani S. Geographical routing with location service in intermittently connected MANETs. IEEE Transactions on Vehicular Technology, 2010, 60(2): 592-604.

[50] Cao Y, Sun Z L, Wang N, et al. Converge-and-diverge: a geographic routing for delay/ disruption-tolerant networks using a delegation replication approach. IEEE Transactions on Vehicular Technology, 2013, 62(5): 2339-2343.

[51] Sidera A, Toumpis S. Delay tolerant firework routing: a geographic routing protocol for wireless delay tolerant networks. EURASIP Journal on Wireless Communications and Networking, 2013, 2013(1): 1-18.

[52] Cheng P C, Lee K C, Gerla M, et al. GeoDTN+ Nav: geographic DTN routing with navigator prediction for urban vehicular environments. Mobile Networks and Applications, 2010, 15(1): 61-82.

[53] Mongiovi M, Singh A K, Yan X F, et al. Efficient multicasting for delay tolerant networks using graph indexing//2012 Proceedings IEEE INFOCOM, Orlando, 2012: 1386-1394.

[54] Wang Y S, Wu J. A dynamic multicast tree based routing scheme without replication in delay tolerant networks. Journal of Parallel and Distributed Computing, 2012, 72(3): 424-436.

[55] Palma A, Pereira P R, Pereira P R, et al. Multicast routing protocol for vehicular delay-tolerant networks//2012 IEEE 8th International Conference on Wireless and Mobile Computing, Networking and Communications, Barcelona, 2012: 753-760.

[56] Lee K, Yi Y, Jeong J, et al. Max-contribution: on optimal resource allocation in delay tolerant networks//2010 Proceedings IEEE INFOCOM, San Diego, 2010: 1-9.

[57] Wu Y C, Zhu Y M, Li B. Trajectory improves data delivery in vehicular networks//2011 Proceedings IEEE INFOCOM, Shanghai, 2011: 2183-2191.

[58] Kang H, Kim D. Vector routing for delay tolerant networks//2008 IEEE 68th Vehicular Technology Conference, Calgary, 2008: 1-5.

[59] Kang H, Kim D. HVR: history-based vector routing for delay tolerant networks//2009 Proceedings of 18th International Conference on Computer Communications and Networks, San Francisco, 2009: 1-6.

[60] Zhu H Z, Chang S, Li M L, et al. Exploiting temporal dependency for opportunistic forwarding in urban vehicular networks//2011 Proceedings IEEE INFOCOM, Shanghai, 2011: 2192-2200.

[61] Yuan Q, Cardei I, Wu J. An efficient prediction-based routing in disruption-tolerant networks. IEEE Transactions on Parallel and Distributed Systems, 2012, 23(1): 19-31.

[62] Wen H, Ren F Y, Liu J, et al. A storage-friendly routing scheme in intermittently connected mobile network. IEEE Transactions on Vehicular Technology, 2011, 60(3): 1138-1149.

[63] Zhu Y, Xu B, Shi X H, et al. A survey of social-based routing in delay tolerant networks: positive and negative social effects. IEEE Communications Surveys & Tutorials, 2013, 15(1): 387-401.

[64] Schurgot M R, Comaniciu C, Jaffres-Runser K. Beyond traditional DTN routing: social networks for opportunistic communication. IEEE Communications Magazine, 2012, 50(7): 155-162.

[65] Vendramin A C K, Munaretto A, Delgado M R, et al. Grant: inferring best forwarders from complex networks' dynamics through a greedy ant colony optimization. Computer Networks, 2012, 56(3): 997-1015.

[66] Abdelkader T, Naik K, Nayak A, et al. SGBR: a routing protocol for delay tolerant networks using social grouping. IEEE Transactions on Parallel and Distributed Systems, 2013, 24(12): 2472-2481.

[67] Wu J, Wang Y S. Social feature-based multi-path routing in delay tolerant networks//2012 Proceedings IEEE INFOCOM, Orlando, 2012: 1368-1376.

[68] Mtibaa A, Harras K A. CAF: community aware framework for large scale mobile opportunistic networks. Computer Communications, 2013, 36(2): 180-190.

[69] Fan J L, Chen J M, Du Y, et al. Delque: a socially aware delegation query scheme in delay-tolerant networks. IEEE Transactions on Vehicular Technology, 2011, 60(5): 2181-2193.

第 3 章　视频机会传输需求及研究现状介绍

3.1　引　　言

网络和通信技术的快速发展使得世间万物互联互通成为可能，而以泛在的智能设备为终端载体的移动互联网则给人们的生活和生产方式带来了巨大变革。随时随地的无线网络接入使支付模式和内容分享等变得更加便捷，同时，可靠瞬态的移动数据传输也使生产和管理更加高效。随着物理世界和信息世界的密切互联和深度融合，人们已经不再满足于对传统简单数据的获取，而视频数据内容具有丰富性和易读性，以及对信息传递的准确性和完备性，成为人们关注的感知信息载体；另外，大规模普及的移动智能终端设备（手持和车载等）为移动机会网络的组网提供了现实基础，内置的摄像头等传感单元也赋予了人们随时随地对外部环境进行视频感知的能力。与此同时，基于移动智能终端的各种应用（如微信、移动 QQ 等）也开始提供面向视频数据的各种功能，政府职能部门也希望以更加准确、便捷的视频流形式为公众提供各种公益性服务，如智能交通、环境监控等。

无论是面向消费用户的视频数据分享还是针对公众的视频流服务，都需要对视频数据进行高效传输和投递。目前，由于 Wi-Fi 热点的有限覆盖，基于移动智能终端设备的数据传输主要是通过 3G/4G/5G 网络来进行的。但是，视频感知的连续性与视频数据自身的特点使得其数据量较大，如果仍然通过传统的移动网络进行传输，将会面临两个问题：其一，高昂的传输成本将会打消用户的积极性，严重阻碍了各种基于视频的新兴应用及服务的推广与部署；其二，泛在的移动智能终端设备产生的海量视频数据及热播的电影、MV 等内容使得当前的移动互联网不堪重负，视频数据流量迅猛的增长速度远远超过了移动互联网带宽的扩容速度。美国思科公司预测，到 2025 年，在全球范围内视频数据流量将占到整个移动互联网数据流量的 95%以上。因此，借助于泛在的移动智能终端，以自组织网络为基础，对视频数据进行传输是解决上述困局的可行手段。

移动机会网络是传统移动自组织网络的演化，对移动机会网络中视频数据传输的研究必然要以传统移动自组织网络中视频数据传输相关工作为基础。因此，本章首先对传统移动自组织网络中视频数据传输面临的挑战、视频编码技术和路由算法的研究现状进行介绍；然后对当前视频机会传输的需求和研究现状进行分析；最后对作者在该领域的研究成果进行简单概括。

3.2　自组织网络中移动视频传输面临的挑战

在传统网络中，数据的传输以路由器为核心，经过多次存储、寻址、转发而得以实现，终端设备仅负责数据的产生和接收。而在自组织网络中，不存在独立的路由设备，数据的传输需要各个节点共同协作来完成。所以，每个节点不仅是数据的生产者和消费者，还要承担数据的转发任务。节点的移动性导致网络拓扑的时变性和节点间连接的不确定性，因此发现和维护最佳的路径无论是在传统移动自组织网络中还是在网络条件更为极端的移动机会网络中都是数据传输面临的最大挑战。为此，人们基于移动自组织网络形态开发出了一系列的路由算法[1,2]。对传统移动自组织网络中路由算法的研究主要集中在对最短路由算法的设计上，而对移动机会网络中路由算法的研究则主要集中在对数据投递率和传输时延的性能需求上。但是，视频数据的独特特征和不同视频应用对传输性能的不同要求，都使得移动视频数据在移动自组织网络形态下进行投递时面临更多挑战。

3.2.1　传统的挑战

为了使音频/视频流的接收方能够体验到满意的质量，发送端和接收端所在的网络及所使用的应用都应该满足一些严格约束，而这些约束一般用服务质量（quality of service，QoS）来明确定义。数据传输所涉及的网络和应用程序将这些需求具体化到各种参数（数据本身相关和网络本身相关等），然后通过对这些参数的支撑来满足服务质量的要求。带宽要求反映了视频流分组的比特率，而时延和抖动要求则确保了视频能够按时平稳接收。尽管接收端的缓冲区可以对视频抖动进行补偿，但它会增加视频播放的启动时延，因此其容量的设置应尽可能小。在点播的视频或者音频类应用中，适度的启动时延是可以接受的；但是双向会话类的视频或者音频类应用对传输时延的要求非常高，该类应用的数据流在自组织网络中传输时将面临更多的挑战。

随着各类终端的普及，尤其是在以视频数据为支撑的应用场景下，网络拥塞成为备受关注的问题。网络拥塞带来的直接影响就是传输时延的增加和可用带宽的降低，因此避免网络拥塞对视频流的传输尤其重要。解决该问题的一个主要途径就是在进行端到端传输时，能够让视频流码率依据网络可用的资源进行动态的自适应调整。采用合适的视频编码技术对编码参数进行调整可以满足上述要求，但是这些技术即便是在有线网络中也面临很多挑战。例如，在常用的 H.264[3]中，网络拥塞造成的丢包会导致错误传播，在播放段出现卡顿，影响体验质量，而对错误的消除也是值得关注的问题。

3.2.2　无线信道的挑战

与有线网络相比，在无线网络特别是移动自组织网络中满足严苛的带宽、时延、抖动和丢包等要求更具挑战性。信号以电磁波的形式从无线电发射器传播到动态性更高且非均匀的介质中，其属性也随着传播场景的不同而发生改变。由于信号通常在开阔的空间中进行全向传播，在从发射器到接收器的传输过程中，信号将在更大程度上受到物理效应的影响。这些影响主要是由诸如阴影和多径衰落等现象引起的，不仅降低了信号质量，同时增加了数据传输的误码率。阴影效应的产生主要是因为无线信号在穿透障碍物时会造成信号强度的弱化。多径衰落则是由同一信号的不同传输路径之间的相互干扰造成的。此外，节点有限的通信半径引入了自组织网络中隐藏节点的问题，进一步加剧了数据包发送的冲突，增加了数据丢包率，尤其是在节点密集的区域。因此，不同于有线网络中数据包主要因为网络拥塞而被丢弃，无线网络中的数据包会由于无线信道而被大量随机丢弃。因此，适用于无线网络的介质访问控制（medium access control，MAC）层协议通常会采用错误重传的机制来保证数据包能够被成功接收，但该过程在保证数据传输可靠性的同时引入了过高的传输时延和时延抖动，这显然有悖于视频流传输对时延的要求。增加载波信号的波长可以减小上述物理效应，从而减少反射和阴影，还可以增加信号的传输距离，但是，这是以减小信号的有效传输带宽为代价的。无线信号的传输一般是全向的，相邻的节点为了传输数据必须通过竞争来获取带宽这种非常稀缺的资源，而竞争意味着网络的有效数据吞吐量是受限且动态可变的。但是，视频数据传输需要网络能够提供充足且稳定的网络带宽，这对无线自组织网络来讲也是一个严峻的挑战。

另外一个主要的挑战来自时变的链路特征。有线网络中的终端设备通过有线链路进行连接，有线链路的特征是静态且为人们所熟知的。但是，无线通信环境是动态变化的，且有很多未知的特征。在无线通信环境中，周围的物体是移动的，甚至通信的节点也处在运动之中。诸如阴影和多径衰落之类的影响取决于这种变化环境中的物理条件，因此链路特征也可能会随之发生变化。文献[4]的研究结果表明，由移动性引起的链路信号变化导致的路由不稳定是数据传输面临的主要问题，同时影响分组丢失率和传输抖动。另外，在节点的无线覆盖区域，信号强度会随着与发射机之间距离的增加而逐渐降低，导致相向移动节点间的信道容量发生变化。因此，在自组织网络中，很难保证持续稳定的信道性能，这又与视频传输对稳定的 QoS 要求相背离。但是，IEEE 802.11e[5]标准增加了对 QoS 的支持，通过增强分布式信道接入（enhanced distributed channel access，EDCA）机制中对数据包进行分级，然后依据优先级给予不同的接入机会，从而实现对服务质量的保障。在改善端到端传输时延方面，结果显示其也很有应用前景，主要是因为高优先级的数据包（在时间性方面具有严格约束的视频数据包）在 MAC 层传输过程中比低优先级的数据包更有机会获得可用时隙。尽管上述 MAC 层协议在传统的移动自组织网络中能够在一定程度上实现对视频数据传输的 QoS 保证，但是由于数据传输模式发生了质的变化，其无法适用于移动机会网络，更无法对移动机会网络中的视频数据传输提供任何支撑。

3.2.3　多跳导致的挑战

无论是在传统移动自组织网络还是在移动机会网络这种极端的自组织网络形态中，数据传输的路径都可以看成是由多跳组成的，差别在于前者的多跳之间是连通的，而后者的多跳很少在同一个时间维度内同时存在。但是，无论是哪种多跳，都为数据传输带来了很多挑战。其一，随着跳数的增加，端到端的传输时延增加。在传统移动自组织网络中，尽管节点间处于全连通的状态，但时延仍会随着跳数线性递增。因此，当进行低时延的数据流传输，尤其是实时视频流传输时，在满足时延要求的前提下通常会存在一个跳数的上限。文献[6]对跳数进行了实验验证，通过测试平台以网络自组织的方式进行视频会议，结果表明 10 跳传输之后图像的质量会变得很差。文献[7]也表明视频流在经过 3 跳传输之后会导致 250ms以上的时延，这对实时流媒体传输的应用来讲是完全不可接受的。其二，除了时延之外，经过多跳传输之后，端到端的丢包率也会大大提高。例如，考虑一个具有三个链路的路径中，每个链路的丢包率为 0.1，对于整个端到端路径，成功的数据包传递概率 $P = (1-0.1)^3 = 0.729$。

多跳引入的另一个挑战是邻近链路之间的干扰增加。正如文献[8]所述，在进行视频数据传输时，如果多媒体分组间的离开时间小于路径上的端到端时延，则后续分组将对信道进行竞争并可能发生碰撞。此外，还存在单独的但与传输路径相邻的竞争节点。图 3-1 给出了一个由八个节点构成的移动自组织网络分别在 t_1和 t_2 两个时刻的拓扑结构。摄像机 S_1 通过单一路径将实时视频流发送到接收节点R_1，同时多媒体服务器 S_2 通过两条不相交的路径将存储的多媒体内容发送到便携式计算机 R_2。每个节点周围的灰色区域表示无线传输范围，较暗的区域表示在一个网络内同时传输多个数据流时，会发生路径内干扰和路径间干扰的范围。在该区域，由于需要重传，每个单独的节点都会遇到带宽减少、数据包丢失率增加、传输时延增加等问题。图 3-1 主要给出了移动自组织网络存在的问题，但是由于人们活动的聚集性，在移动机会网络中，经常会出现多节点或者超多节点相遇的场景。而在这些场景下，数据移动机会传输面临的问题和图 3-1 在本质上是一致的，并且由于用户的过度聚集，这些问题会表现得更为严重。

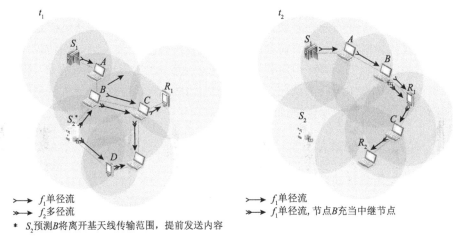

> f_1单径流
> f_2多径流
> * S_2预测B将离开基天线传输范围，提前发送内容

> f_1单径流
> f_1单径流，节点B充当中继节点

图 3-1　移动自组织网络中的流应用场景示例

　　无论是在传统移动自组织网络还是在移动机会网络中，多跳传输技术的引入使得选择数据包的最优路径成为一个非常具有挑战性的问题。首先，路由算法应确保为每个会话提供满足其 QoS 要求（如带宽、时延和抖动）的数据传输质量；其次，路由算法应通过多跳路径间或者中继节点间的负载均衡来避免网络拥塞，以便最佳地利用网络资源。很多现有的路由算法在进行路径选择或者中继节点选择时常常仅依据单一的性能指标，该性能指标最优的路径往往被认为是最优路径，用来进行实际数据的传输。但是，对于多媒体传输，单个度量指标并不能满足视频会话对传输质量的要求。以图 3-1 中的场景为例，可以看到，如果仅以跳数为依据，以 t_1 时刻从 S_1 经过节点 B 和 C 到 R_1 的路径为最优路径，但是由于 S_1 和 B 之间的距离较远，相对较弱的信号接收强度会导致信道容量的下降。因此，在这种情况下经过节点 A 的路径是最优路径。尽管实际跳数增加，但其能够提供更高的带宽，这更加符合视频传输对 QoS 保障的需求。但是，额外增加的跳数不应该使其他的 QoS 参数（如端到端的时延）超出具体应用所预设的门限。

　　路由算法设计的另一个挑战是网络状态的动态性。最优路由算法应该能够依据其他视频会话的带宽需求、网络拥塞等因素进行自适应调整，也即路由算法应具有一定的鲁棒性。现有的研究表明，将视频流分成几个子流的多描述编码技术有助于提高视频传输的鲁棒性和对网络环境的适应性。多描述编码技术与多径传输相结合的路由算法在自组织网络的视频数据传输方面呈现出较好的性能优势，但是其面临的最大挑战就是如何识别出多条高效的不相交的端到端路径。在基于多跳路径进行视频数据传输时，如果在其中一条路径上发生链路中断，其经历的路径重叠部分越小，由同一事件造成其他路径上也发生链路中断的概率也就越小。因此，为每个视频会话选择一组最优路径，并为每个路径上的视频数据编码选择最优参数，以获得与路径相适应的最优的数据量和冗余度是非常困难的，这也是目前很多研究者关注的问题。然而，由于存在巨大的解空间和复杂度，对最优路由算法的求解一般被认为是一个 NP-hard 问题。同时，在节点较少的网络环境中，多径路由算法的适用性可能会受到质疑，因为在这种环境下，发现不相交路径的概率可能会非常低。

3.2.4　移动性引入的挑战

　　网络节点的移动性增加了网络拓扑的动态性，当节点移动时，现有链路的特征可能会发生改变，甚至可能出现中断。如果在数据传输过程中，路径上节点的移动使得链路发生中断，则需要重建路由。在传统的移动自组织网络中，如图 3-1 所示，由于节点 B 的移动，从 S_1 到 R_1 的路径在时刻 t_1 和 t_2 是不同的，一条端到端的路径已经通过路由被发现而重建。而在移动机会网络中，尽管数据的传输是基于节点间的移动性并通过用户间的机会接触来进行的，但是节点随机的移动性造成了用户间接触的不确定性，而接触的不确定性在本质上也就是数据传输机会的不确定性。如果没有合适的中继选择机制，这种不确定性会使得移动机会网络中的数据传输非常低效。

　　路由重建的目标是向目的地进行持续的视频流投递，但路由重建会引入新的时延，也可能导致正在传输的视频流发生中断。在移动自组织网络中，对于主动路由算法，可以通过对周期性控制消息的接收情况进行统计来完成对路由中断情况的监测，而对于被动路由算法，可以通过发送显式的链路终端消息来通知源节点进行路由重建。然而，对于这两种机制，从实际的路由中断开始到源节点发现路由中断，这中间会有一定的时间间隔。该时间间隔取决于周期性控制消息的频率和错误消息的传输时延等因素。时间间隔至关重要，是因为它会增加端到端的时延；同时，因为建立一条新的路径同样需要时间，所以该时延会进一步增加。特别是在进行实时视频流传输过程中，路径的改变引入的时延会对用户的视频质量体验产生很大的影响，这已在文献[9]中得到验证。另外，在路由重建的过程中也可能存在大量的数据丢弃，将严重影响视频数据在接收端的重建质量。此外，由于传输路径的改变，不同的数据包可能沿着不同的路径到达接收端，从而经历不同的传输时延，并最终导致视频数据包在接收端出现乱序。特别是在一个拓扑结构处于持续变化状态的网络环境中，路由的改变很容易演变成路由振荡，从而严重影响视频数据传输的质量。因此，在路由算法的设计中，如何避免上述情况，尽可能保证视频数据传输的稳定性也是视频传输面临的一个挑战。文献[10]对 AODV[11]、OLSR[12]、DSR[13]和 TORA[14]这些单径路由算法进行了比较，结果再次验证了路由的变化会导致大量的丢包，这在后续的路由设计中应该是一个重点关注的问题。此外，验证结果还显示，在重建时延方面，AODV 算法的性能最优。

3.2.5　设备资源引入的挑战

从传统来看，实时多媒体数据传输是专门为硬件资源丰富的设备所开发的应用，如台式计算机和笔记本电脑。然而，硬件技术的发展将这种应用普及到体积更小、重量更轻且结构各异的设备上，如手机、掌上电脑、小型摄像机等。由于移动自组织网络可以由一组具有不同能力和资源受限的异构节点组成，尽管多媒体数据的传输对设备资源要求很高，但它仍然是资源受限网络中一个不可忽视的应用需求。

硬件资源的限制不仅有可能制约其产生和消费视频内容的能力，也会降低其作为传输路径中的中继节点进行数据传输的可行性。源节点必须具有足够的运算资源和能量供给以完成对视频数据的编码，并保证可接收的视频解析质量。接收节点必须具有足够的运算能力以完成对视频数据的解码，且保证解码速度能够与视频数据的到达速率相匹配。另外，节点必须具有足够保真度的显示设备来对内容进行呈现。例如，图 3-1 中的摄像机 S_1 应尽量避免将高清视频流发送到资源受限的接收节点 R_1，这是因为 R_1 的显示设备可能无法满足高清视频流对高分辨率的要求；同时，接收器有限的处理能力可能使其无法对视频内容进行快速解码。

在移动自组织网络中，所有的节点都有可能充当中继节点，不仅要对视频数据进行转发，同时可能要对视频流进行转换编码和缓存。如图 3-1 所示，R_1 在 t_2 时刻成为一个中继节点，需要对视频流 f_2 进行转发，同时要对视频流 f_1 进行解码并完成播放。在这种应用场景下，对于节点 B，降低 f_2 的比特率以避免 R_1 的处理器运算能力饱和就显得特别重要。文献[15]基于笔记本电脑终端部署了一个真实的移动自组织网络，然后进行视频流传输。结果显示视频流数据的输入和输出对源节点和目的节点的计算资源、电量消耗特别严重。因此，该文献建议在进行路由算法设计时应该考虑对节点进行保护，使节点在负载过重或者能量过低的情况下免于进行数据转发。该问题的重要性也在文献[16]中得以体现，文献[16]基于移动终端设备（诺基亚 770 和 N800）部署了一个移动自组织网络，然后对码率为 1Mbit/s 的视频流进行转发和播放，结果显示其几乎占用了全部的中央处理器（central processing unit，CPU）资源。因此，路由算法设计过程中面临的一个主要挑战就是仔细考虑网络中可用的节点资源，以优化视频流整体的传输性能。

3.2.6　网络频繁分割引入的挑战

由于移动自组织网络中节点的移动性，网络会频繁地进行分割，然后重新进行组合，网络拓扑结构发生急剧变化。对于传统移动自组织网络，其会从一个全连通的网络分割成几个规模较小的子网络，进而演变成延迟容忍的移动机会网络，而在该过程中链路必然会发生中断，尤其是在节点密度较低的应用场景中。导致网络分割的另一些原因包括物理障碍导致的通信中断和某些节点关闭数据转发功能。后者可能是由于自私性而采取的目的性行为，也有可能是由于电量耗尽或其CPU、无线链路饱和而无法执行数据转发任务。在图 3-1 中，如果节点 D 关闭，节点 B 移出 S_2 的通信范围，则会发生网络分割。

相对于路由重建引入的时延，网络分割会导致持续的时延。在这种情况下，分割网络间的视频流传输只能采用异步的方式来实现。数据传输要等到端到端的链路重建后再继续进行，或者把数据缓存在网络中的特定节点直到该节点进入目的节点的通信范围再完成数据投递。而后者则要解决特定缓存节点的选择，即最优中继节点的选择问题，而能量和存储资源的约束又给中继节点选择算法的设计提出了新的挑战。很显然，抛开资源的因素，被选中的缓存节点还应该与目的节点具有较高的接触概率，这也正是移动机会网络中路由算法设计要解决的问题。例如，在图 3-1 中，节点 S_2 在时刻 t_2 之前预测到网络即将发生分割，于是选择节点 B 作为内容的携带节点，这样即使网络发生分割内容的传输仍能够继续进行。但在一个实际的移动机会网络中，网络的拓扑结构较为复杂，中继节点的选择也要综合考虑很多因素，数据的机会投递本质上是一系列最佳中继节点接力转发的结果，仅依赖一个中继节点无法完成高效的数据投递，特别是在进行视频数据传输的应用场景中。

3.2.7　性能评估引入的挑战

在网络中，任何方案的性能评估包括针对移动自组织网络上的多媒体流传输而设计的解决方案，都可以通过三种方式来进行：数学分析、模拟或仿真、实际设备搭建的真实实验环境。数学分析适用于相对比较简单、行为具有确定性且可以完全通过模型进行刻画的系统。如果能够得到反映这种系统基本机制的准确模型，那么通过数学分析就可以在模型所涵盖的应用场景中获得对系统行为和性能的深刻理解；同时，通过对模型参数的设置和运算能力的投入就可以在较短时间内获得这些结果。由于数学分析成本较低，这种方法经常用于对正在运行的系统的某些特定性能进行优化。

大多数网络解决方案过于复杂，无法用纯粹的数学模型来表示，因此传统的评估方法通常通过模拟或仿真来进行。然而模拟或仿真的方法与数学分析相比无法产生精确的结果，除非能够推导出系统核心组成部分足够准确的合成模型，但这对移动自组织网络来说具有挑战性，原因有三。其一，无线传输介质是无线自组织网络最重要的构成部分，但其具有高度动态和非均匀的特征。这些特征通常会对系统性能产生重大影响。人们投入了很大精力试图对无线传输介质进行精确建模，但仅能获得相对有限的结果。节点的传输距离、周围的地形地貌和背景噪声都对模型的性能产生很大影响。因此，为无线传输介质进行合适的建模是一个需要不断研究的主题，不仅要求简单准确，而且需要对无线传输介质本身的特性和行为有足够的了解。其二，在移动自组织网络中，缺乏对节点行为统一的管理，节点的自主移动性将对系统的性能产生深远的影响，因此选择合适的移动模型来对节点的行为进行准确刻画就显得非常重要。移动模型的选择应该基于以下两个标准，即与节点运动行为的契合程度和涵盖的广度是否能够与从类似系统中获得的结果相对比。为了获得更高的准确性，当前最吸引人的解决方案是使用从真实应用场景中收集到的人的真实活动轨迹，例如，从节点携带的全球定位系统（global positioning system，GPS）跟踪器获得的位置数据等。但对上述数据进行收集需要花费大量的时间、人员和设备，因此最常用的替代方法是通过合成模型来模拟真实节点的运动行为。该方法不仅成本低，而且很容易对各种数据进行记录和分析，同时其广泛的应用也足以使其被用在对节点移动行为的刻画上。但是，由于合成模型仅能完成对某一类节点行为的刻画（如人、车、飞行器等），选择不同的合成模型可能会对性能评估结果产生重大影响；同时，人们也一直在质疑合成模型是否能够真实、准确地对网络中节点的行为进行刻画。其三，组成移动自组织网络的节点受限于运算能力、存储空间和能量等因素，当这些资源匮乏的节点在进行多媒体视频流传输时，会面临巨大的压力。目前，还没有哪个仿真器在进行仿真验证时能够把上述因素都设计在内，例如，仿真器 RTNS 仅考虑运算能力的约束[17]，ONE 仅考虑节点存储空间的约束[18]等。因此，在进行算法验证时，特别是在进行视频数据的传输验证时，需要重新设计仿真器或者在现有的网络仿真器上插入合适的模块，这都增大了网络性能评估的难度。

　　基于上述困难，许多研究者开始直接基于真实的实验环境来对算法的性能进行评估。尽管这样的工作非常烦琐且代价不菲，但在有些情况下是产生可靠测量结果的唯一方法。对于多媒体传输，传输性能很多时候取决于终端用户接收视频数据的主观体验，因此设计一个指标对用户的这种主观体验进行客观度量也是一个具有挑战性的问题。

3.3　自组织网络中的视频编码

在自组织网络中实现视频流传输的主要挑战来自受限的设备和网络资源。应对该挑战的主要手段就是提高视频数据的编码效率，即在给定视频质量的约束下尽可能降低编码后的流比特率。视频编码包括发送方的编码器和接收方的解码器。移动自组织网络通常是高度动态且异构的，因此编码器和解码器还应具有足够的灵活性，以便能够在任何时间使视频流传输适应给定的网络状况。此外，移动自组织网络中的视频流可能遭受不可预测的突发数据包丢失状况。因此，必须对传输中的视频流采取相应的保护措施。本节简单介绍应对这些挑战的几种技术，首先对视频编码的相关技术及其设计原理进行介绍，因为这是进行视频传输的基础。

自从 H.261 出现以后，视频编码标准已由动态图像专家组（Moving Pictures Experts Group，MPEG）和国际电信联盟电信标准局（Telecommunication Standardization Sector for the International Telecommunication Union，ITU-T）（H.26X 标准）两个组织来制定。这些标准都是充分利用单个视频帧内部和不同视频帧之间的冗余性来提高视频编码效率的。视频编码都是基于宏块进行的，而宏块则是通过将每个单独的视频帧以像素为单位划分成若干具有一定逻辑关系的数据块得到的，因此宏块内和宏块间像素灰度值的相关性是提高视频编码效率的基础和依据。为了实现高效的视频编码，MPEG 和 H.26X 将帧分为两种类型：独立编码的帧（I 帧）和基于预测编码的帧（通常为 P 帧和 B 帧）。编码器利用运动估计技术对 I 帧中宏块的运动进行估计，然后将其与经过压缩的估计误差一起传送到解码器，以便进行运动补偿。P 帧则是以 I 帧为参考帧，在 I 帧中找出 P 帧"某点"的预测值和运动矢量，将预测差值和运动矢量一起传送。在接收端根据运动矢量从 I 帧中找出 P 帧"某点"的预测值并与预测差值相加，以得到 P 帧"某点"的样值，从而可得到完整的 P 帧。B 帧则以前面的 I 帧或 P 帧和后面的 P 帧为参考帧，找出 B 帧"某点"的预测值和两个运动矢量，并将预测差值和运动矢量一起传送。接收端根据运动矢量在两个参考帧中找出（算出）预测值并与预测差值求和，得到 B 帧"某点"的样值，从而可得到完整的 B 帧。因此，按照对周围帧（称为参考图片）的依赖性，在视频解码过程中 I 帧、P 帧和 B 帧的重要性依次递减。

I 帧中的像素以及预测 P 帧和 B 帧的运动估计误差在压缩过程中经历了三个步骤：去相关、量化和熵编码。去相关通过相应的变换（通常是离散余弦转换和整数转换）执行，从而产生一组值（系数）。这些值表征原始值之间的相关程度，因此较小的值在编码过程中可以被丢弃，造成的视频失真最小。在进行量化期间，剩余的数值被映射到一组离散的间隔上，间隔越大，原始变换系数的精度越低，解码质量也越低，同时每个值进行编码时所需的位数越少，降低了比特率。在视频数据传输之前的最后一步，通常采用传统的熵编码技术来进一步减少剩余的数据冗余。目前，H.264/AVC[19]（也称为 MPEG-4 第 10 部分）被认为是视频编码领域最成熟且应用最广泛的技术，相对于 MPEG-2 和 H.26X 标准，其将编码效率提高约 50%。此外，H.264/AVC 还引入对宏块组（切片）进行独立编码以及可选多个参考帧之类的功能，大大提高了编码的灵活性。但是，H.264/AVC 解码器比早期版本的 MPEG（即 MPEG-2 和 MPEG-4 第 2 部分[20]）复杂得多。在处理移动自组织网络中多媒体数据传输时，这是一个重要的考虑因素，因为过高的编解码算法复杂度限制了其在资源相对较弱的移动节点上的应用。

视频流比特率过高会使无线链路和设备资源难以承受，导致应用瘫痪。为了避免此类问题，在对视频数据进行压缩的过程中，考虑比特率和失真之间的均衡就显得特别重要，这一过程常称为率失真优化。鉴于移动自组织网络的高度时变特性，编码器在运行时能够进行参数自由配置以适应网络的变化就显得特别重要，因此采用跨层方法在移动自组织网络中进行视频数据传输也成为主要的研究内容。此外，在进行视频数据压缩时，压缩粒度越高，适应网络环境及设备状况的能力越强。H.264 实现了较高的编码粒度，尽管编解码过程复杂，但其灵活性和卓越的编码效率使其在移动自组织网络的流媒体应用中特别有吸引力，是许多视频传输技术的基础。

本节的其余部分安排如下：首先介绍多流编码技术，包括分层编码技术和多描述编码技术，然后对处理视频传输容错的相关技术进行介绍。

3.3.1 多流编码技术

多流编码技术是一种允许将流拆分为几个子流的技术，这样每个子流都可以提高视频的整体质量。接收端的解码器在满足自身服务质量要求的情况下可以不用接收并解码所有子流。这样，在网络的任何一点，只要选择性地丢弃数据包，就可以降低视频流的规模。然而，这种尺度可变的视频编码技术是以降低编码效率和增加复杂度为代价的。在移动自组织网络中，由于运算能力（如 CPU、图形处理器）和显示能力（如屏幕分辨率）不同，节点在对大规模视频流解码和播放等方面的能力也有很大差异。在这种情况下，通过简单地允许它们丢弃选定的数据包，多流编码技术可以减少源节点和中继节点的工作量，从而无须重新编码和转码就可以满足客户端的需求。同时，当存在大量不可预测、随机或突发的视频分组丢失时，使用多流编码技术可以获得一个适度退化的视频质量。接收端可以容忍一定数量的丢包，因此在无法进行重传或不可能进行重传的应用场景下，多流编码技术具有很强的应用前景。特别是在移动自组织网络中，视频传输能够将多个视频流与多径路由组合在一起，利用不相交的路径发送视频流，引入一定程度的冗余来减少数据包丢失，从而提高视频流的传输质量。从这一角度来说，移动自组织网络与多流编码技术具有天然的契合度。

通常，存在两种用于多流编码的技术：分层编码技术和多描述编码技术。在分层编码技术中，视频流被分为很多层，其中，第 n 层在解码时要依赖第 $n-1$ 层的视频流，也就是说，只有在所有较低层都先被解码后，才能对该层进行成功解码。第 0 层是一个基础层，能够通过单独解码得到一个最基础的视频质量，而其之上每个附加层的加码都会对该视频质量产生一个增益且可以累积，成功解码的层数越多得到的视频质量越高。在多描述编码技术中，不同的子流（description，又称描述）具有相同的重要性，都可以单独进行解码[21]。对每一个子流的解码都可以获得一个基础的视频质量，但是额外解码的子流都会对视频质量产生一定的增益，因此即便无法接收所有子流，能够成功接收的子流对视频数据的重建质量都是有用的。文献[22]、[23]对这两种技术进行了深入的比较，一般认为当丢包率很低或可以采用重传机制对基础层提供充分保护时，分层编码技术的性能将优于多描述编码技术；在由于存在时延约束而无法采用数据重传机制，或出现大量分组丢弃的情况下，多描述编码技术的性能表现更加突出。无论是在传统的移动自组织网络还是在移动机会网络中，对视频传输应用来说基本上不存在数据重传的可能性，所以多描述编码技术更有应用前景。

3.3.2 基于自组织网络的分层编码技术

视频编码标准 MPEG-2 和 MPEG-4 均支持分层编码技术，其本质上都是对过去获得大家广泛关注的 H.264/AVC（H.264/SVC）的扩展。基于在时间、空间和质量等三个维度的可扩展性[24]，当前的 H.264/SVC 配置文件集允许将视频流分成多达 47 层。即使早期的 MPEG 技术已经能够实现分层编码技术，但 H.264/SVC 在灵活性、扩展颗粒度和编码效率等性能方面仍有显著提升。此外，可伸缩性的改善带来的复杂性增长仍能够保持在一个较低的水平，从而使其对资源受限的设备更具吸引力。

在移动自组织网络中采用分层编码技术进行视频数据传输面临的两个最重要的挑战就是：对基础层的保护和寻找最优的增强层数量。文献[25]解决了前一个挑战，在与增强层传输路径完全分离且不相交的路径对基础层数据进行传输，实现了对基础层的保护。这样做的初衷就是基础层数据是其他所有增强层数据解码的基础，因此应该在传输质量最好的路径（就丢包率而言）上对基础层进行传输。如果增强层的数据在进行传输时发生了丢包，则视频仍然可以在接收端以可接受的基本视频质量进行解码和重建。如果基础层的数据发生丢包，则可以暂停增强层的传输而优先在一条与基础层完全不相交的路径上对丢掉的数据进行重传，从而实现对基础层的保护。但是，这需要网络有反向的通路，而且会带来额外的传输时延，因此其无法适用于对传输时延比较敏感的视频应用中，如直播或者会话业务等。上述技术重在对基础层的保护，文献[26]则专注于对增强层数量的优化，因为过多的增强层不仅会增加数据传输的开销，还会占用大量的设备资源和网络资源。因此，文献[26]对发送 H.264/SVC 增强层数据的数量进行了限制，以使视频流能够适应移动自组织网络时变的网络特征。具体来讲，文献[26]所提算法能够基于对链路可用性的预测、接收端缓存空间的测量、移动模型的统计属性等信息自适应地调整增强层的数量，降低流比特率，以提高视频数据成果传输的概率。

3.3.3 基于自组织网络的多描述编码技术

分层编码技术在视频传输应用中受制于子流间严格的顺序关系，这在一定程度上限制了其在很多场景下的应用。因此，避免该问题的最好方法是采用多描述编码技术，或者把这两类技术进行组合使用。尤其是在自组织网络的应用场景中，数据包丢失的高度不可预测性和突发性都很容易使得基础层发生损伤，从而导致接收到的增强层数据无法正常解码而被废弃。

文献[25]提出了一种在移动自组织网络中仅使用多描述编码技术进行流媒体传输方法。其主要基于运动补偿，使得对于视频帧 n 产生两个预测：一是中心预测（central prediction），来自对前两个帧（第 $n-1$ 帧、第 $n-2$ 帧）的线性叠加；二是边预测（side prediction），仅来自第 $n-2$ 帧。这样，将来自偶数帧的中心预测和边预测的残差相结合就产生了一个描述，而针对奇数帧的残差又产生了另一个描述。这两个描述的重要性相同，有了这两个描述就可以对视频数据进行高质量的重建。文献[27]提出了另一种仅基于多描述编码技术的视频数据传输方法。H.264/AVC 宏块分为大（重要）和小（不太重要）的变换系数，然后根据所需的冗余量定义一个阈值，以将二者分开。这些块在完全独立且不相交的路径上传输，重要的宏块通过复制在两条路径上同时传输，而不太重要的宏块则在两条路径上交替传输。这样，在两条路径上的流就生成了两个同等重要的描述。文献[27]还提出了一种算法用于对使视频失真最小化所需的冗余量进行优化，在给定该冗余预算的情况下，即可获得每个块的分割阈值。

上述方法仅使用多描述编码技术进行视频数据传输，而在下述的工作中则提出将多描述编码技术与分层编码技术相结合来进行视频数据投递。文献[28]采用多描述编码技术来对分层编码技术中的基础层进行保护。基础层被分为两个同等重要的子流，量化间隔彼此相距半个步长。这两个子流分别在两个完全不相交的路径上进行传输，且这两条路径上分组丢包的事件相互独立。接收并解码一个子流仅能从量化间隔集中获得一组粗粒度的值，如果能够同时获得两个子流，则通过平均运算就可以获得细粒度的值。文献[29]不但在分层编码技术之上使用了多描述编码技术，同时还融入了前向纠错和复制技术，进而提出了 MD-FEC 算法。文献[30]采用 Raptor 编码实现了对 H.264/SVC 层的保护，其中基础层和增强层依据其重要性的差异给予不同的可变冗余。假设给定 n 个源符号，经过编码以后就可以得到 $n+R+e$ 个符号，其中 R 是插入的冗余，e 是编码开销，则只要解码其中任意 $n+e$ 个符号，就可以获得源数据流。MD-FEC 算法利用该属性从这些层中获取一些同等重要的描述，并把这些描述通过复制放置在几个不同的节点上。这样，其他节点就可以选择连接性最好的存放节点进行视频数据请求。此外，各条路径上发生的丢包都不相关，节点获得层数越多，能够解码的层数也就越多，获得的视频质量就越高。文献[31]通过允许客户节点从不同服务器请求单个流的不同部分，为 MD-FEC 算法增加了更多的灵活性。同时，所有客户节点持续地向服务器报告解码后的视频失真，服务器则与中继节点协作来确定各个流的传输速率。基于该方法，所有客户节点上的总播放失真最小化，但该方案的前提是节点间能够进行协作。

3.4　传统移动自组织网络中的视频路由算法

在无线多跳网络中，路由算法的任务是建立并维护一条或者多条从源节点到目的节点的端到端路径。从本质上讲，基于视频流的路由算法设计面临的主要挑战就是能够找到合适的路径对视频数据进行投递，以满足给定的质量要求。本节把传统移动自组织网络中的视频路由算法分为单径路由算法和多径路由算法，并对面向多播的视频路由算法进行简单介绍。

3.4.1　单径路由算法

人们在移动自组织网络的路由算法设计上投入了很多的精力，也提出了很多适应于各种场景的路由算法。这些算法大概可以分成以下几类：主动式的路由算法、被动式的路由算法和混合式的路由算法。

（1）主动式的路由算法又称为表驱动路由算法、预计算式路由算法或先应式路由算法等。在这类算法中，每个节点维护一张包含到达其他节点的路由信息的路由表。当检测到网络拓扑结构发生变化时，节点在网络中发送更新信息，收到更新信息的节点将更新自己的路由表，以维护一致的、及时的、准确的路由信息，所以路由表可以准确地反映网络的拓扑结构。源节点一旦要发送报文，可以立即获得到达目的节点的路由，每个节点可以按照路由表进行数据传输，而不需要额外的路由建立的等待时间，因此路由算法的整体时延较小。但是，由于要频繁更新网络的拓扑信息以保证每个节点所维护的路由表的准确性，该类协议的开销较大，适用于规模较小且动态性不强的移动自组织网络，OLSR、DSDV 算法是该类算法的典型代表。

（2）被动式的路由算法又称为按需路由算法或反应式路由算法，其中的每个节点并不需要维护网络的拓扑信息，而是在数据传输之前才开始建立路由。路径上的每个节点依照路径创建时写入的表项进行数据转发，数据传输完成后这些辅助数据转发的表项也随之被删除。该类算法在一定程度上降低了协议交互的开销，但是由于没有现成且准确的网络拓扑信息作为支撑，路由建立需要的时间较长，适应于动态性较强的移动自组织网络，AODV、DSR 算法等是该类算法的典型代表。

（3）混合式的路由算法则综合了上述两种算法，适用于节点运算能力较强且规模较大的移动自组织网络，如典型路由算法 ZRP[32]，其把网络划分成很多个节点规模较小的域，每个域内的节点维护其各自域的路由表，域内的数据传输采用主动式的路由算法，域间的数据传输则采用被动式的路由算法。

在许多情况下，对物理距离或跳数而言，最短的路由对视频流传输来说可能并不是最佳路由。也就是说，成功的视频投递受制于更多的因素而不仅是跳数。因此，传统网络的路由算法设计都采用 QoS 的概念来解决此问题，在面向 QoS 的路由算法中依据 QoS 的参数，如带宽、生存时长、延迟、抖动等，在多条路径中进行判决以选择一条最优的路径[33]。文献[34]就使用该方法来探讨固定网络中的视频传输路由算法设计。文献[35]对 DSDV 算法进行了扩展，提出了面向移动自组织网络中视频传输的 QoS 路由算法，这被认为是最早在该网络形态下探讨视频数据传输的工作。带宽是决定实时视频流传输的关键因素，因此在该算法设计中丢包率等因素没有被特别加以考虑，其根本目标就是找到能够满足带宽需求约束的最短路径。该算法主要基于以下假设，即数据链路层协议中使用了时分多址技术，以对无线信道进行时隙划分的方式提供端到端路径上的传输带宽。这样，端到端路径上的可用带宽就可以通过查看路径中每个链路上的可用时隙数来计算，通过特定的调度算法就可以对空闲时隙进行高效利用。当然，这些时隙中的部分时隙还要预留给控制帧，用于路由信息传播和帧同步等。此外，为了解决路由重建引入的时延对视频传输质量的影响问题，该算法同时维护了一条备用路径，以便在主路径发生中断时能够完成对视频流的快速切换。

3.4.2　多径路由算法

从源节点到目的节点同时建立了多条路径来对视频数据进行传输是移动自组织网络中研究较多且非常有效的方法。一般来讲，多径路由算法主要通过对以下几个方面的提升来改善视频传输的服务质量[36]。

（1）带宽和时延会聚。充分利用多条路径的传输容量，在增加可用传输带宽的同时也降低了视频数据的传输延迟。

（2）负载平衡。通过让更多的节点承担视频数据传输任务来实现节点间和不同链路间的负载平衡。

（3）容错能力。要想通过在有效的传输数据中插入冗余数据来降低网络中断导致的错误对视频传输质量的影响，路径的不相交是非常重要的。如果多径路由算法能够提供足够的路径分集，则一条链路上发生的故障基本上只能对其所在路径的视频传输产生影响，而不太可能同时波及其他路径上的数据传输，除非发生大面积的网络坍塌。这对实时视频流的传输尤其重要，因为受制于节点的资源，其播放缓存非常有限，采用多径传输增强了容错能力，解码器不需要再继续等待后续的视频数据来辅助进行错误处理，这在一定程度上节省了缓存空间。

多径传输能够带来很多好处，但算法的实施会受到网络规模和网络结构的约束，即在源节点和目的节点之间是否能够找到同时存在多条不相交的路径。此外，如果已经存在能够提供足够稳定链路和足够带宽容量的单个路径，则多径路由算法能够带来的收益非常有限，并且会造成更多的网络开销。当节点很少时，如用10 个节点建立的应急响应系统，存在不相交路径的可能性极小；同时，相对于一条路径来说，管理多条路径则会造成更多的网络开销，尤其是在采用主动式路由算法的情况下，一种折中方案是仅在有可能会发生链路中断的情况下才保留多条路径。文献[37]提出了一个由接收端发起的主动链路保护自适应（proactive link protection receiver-oriented adaptation，PLP-ROA）算法，用来对已经建立的路径寿命进行预测。如果当前路径的剩余寿命低于预设的阈值，则该路由算法会另外建立一条备用路径。PLP-ROA 算法对路径剩余寿命的预测主要基于组成该路径的无线链路信号强度、节点位置、速度等因素。但是，PLP-ROA 算法并没有充分探索在源节点和目的节点之间具有多跳路由的可能性，而是发现通信危机即将来临时才建立一条备用路径。尽管人们非常热衷于对视频传输中多径路由算法的研究，但对于最多能够使用多少条路径进行视频传输尚没有达成共识。而文献[38]认为，对于 MPEG-2 编码的视频流，在进行传输时最佳的路径数量应为 3 条，从而保证了 I 帧、P 帧、B 帧三种类型的数据包能够进行独立传输（每种类型的帧单独占用一条路径）。

源路由算法可以很容易地被扩展成一个多径路由算法，只需要中继节点（包括目的节点）不丢弃再次收到的路由请求数据包即可。如果目的节点能够保存一些这样的数据包，就可以依据每个数据包发送过来时所在路径的链路质量选取其中最好的几条路径，然后把数据包反向发给源节点。源节点收到这些数据包后，建立起多条路径。文献[39]提出了健壮的多径路由算法 RMPSR，该算法能够同时维护两条完全不相交的路径，然后与多描述视频编码技术结合进行视频数据传输。文献[40]综合考虑了两条路径间的干扰因素，对文献[39]所提算法进行了扩展，用丢包率来表征两条路径上同时进行比特流传输时的干扰状况，该值越小，两条不相交路径间的干扰越小，视频数据的传输质量越好。因此，该算法的目标就是寻找两条不相交的路径，使其丢包率最小，最终把路由设计问题建模为一个优化问题。但是，该优化问题被证明是一个 NP-hard 问题，于是利用近似最优解来代替理论最优解进行数据路由。仿真结果显示，在丢包率较大的路径上进行视频数据传输，实际的丢包率明显增高，必然带来视频数据质量的下降，因此丢包率在一定程度上体现了接收者对视频质量的主观感受，从而省去了视频编码器和网络层之间的参数交换。

路由选择的度量指标能够在一定程度上反映接收者对视频传输质量的主观感受，在多径路由机制中用到的度量指标能够更加准确地对这些信息进行表征。QoS路由算法能够把对视频质量的需求融入路由建立的过程中，还有一些算法能够对某条路径上的视频传输质量进行预测，然后以此来进行最优路径的选择。该类路由算法常称为以多媒体为中心（multimedia-centric）的路由算法。相对应地，传统移动自组织网络中的路由算法一般称为以网络为中心（network-centric）的路由算法。在以多媒体为中心的路由算法中，视频质量是进行路由选择的直接依据，最优的传输路径就是能够使得在接收端获得最大期望视频传输质量的路径。由于需要借助于对视频重建质量的预测来进行路由选择，该类算法一般需要通过跨层设计得以实现。

1. 编码感知的多径路由算法

在移动自组织网络中，大多数基于视频数据传输的路由算法研究都着眼于确保找到能够产生最佳视频质量的路径。为保证视频质量，文献[41]提出了一个基于网络拥塞优化的多路径视频流传输算法，通过构建视频失真模型捕捉分配的编码速率和数据包丢失对整体视频质量的影响。此外，基于网络内所有链路的容量建立了一个数据模型，把视频流的路由转化为一个拥塞控制的优化问题。但该算法假定每个节点不但拥有全网的拓扑知识，还掌握网内每条链路的容量，这对移动自组织网络来说几乎是不可能的。同时，由于优化算法的复杂性，将此算法付诸工程实践也是不太现实的。但是，视频失真模型能够直观地反映路径选择对视频传输质量的影响，文献[42]、[43]都在这方面做了很多工作。

文献[38]对多径视频路由算法的探索从数学建模转向实验仿真和工程实践，并提出了动态源多径服务质量路由（dynamic source multipath QoS routing）算法，其在本质上也算是对传统移动自组织网络中 DSR 算法的扩展。该算法把跨层的服务质量提供算法叠加在动态源多径路由算法设计上，在每一条通过探测信号发现的路径上都会标示出一些与传输质量相关的度量指标，然后基于这些指标选取最好的三条路径进行 I 帧、B 帧、P 帧的端到端传输。文献[44]在其多径版本的 DSR协议中纳入了对音频数据的传输，并且在其叠加于路由算法之上的多路媒体流同步机制中，音频数据相较于视频数据具有更高的优先级。传输过程使用两条路径同时进行，跳数最少的路径作为主路径用于音频数据传输，而另一条路径成为次级路径用于视频数据传输。因此，视频数据并没有跨越几条路径同时传输，即使大多数的多径视频路由算法都采用这种传输方式。在进行路径选择时，如果一条路径的所有中继节点都被包含在主路径中，则该路径将不会被选为次级路径。为了解决音频流数据和视频流数据之间可能出现的传输时延差异，文献[44]还提出了一种虚拟时间渲染算法用于对上述两种流进行同步。在上述编码感知的多径路由算法中，对多径路由的发现都是基于对 DSR 协议的扩展，但这并不是实现多径传输的唯一方法。文献[45]提出的具有多个替代路径的 AODV（AODV-MAP）算法显然就是 AODV 算法的多径版本，其按照传输质量把多条路径分成三个类别，即主路径、次级路径和备用路径，基本层视频流在主路径上发送，而增强层视频流则在较低质量的路径上发送。

2. 能量感知的多径路由算法

多径路由算法通常忽略节点资源，如电池电量等。视频数据传输在时间上有较强的持续性，同时部分节点还要担负编解码的任务，通过电量储备较低的节点对视频数据进行传输可能会影响视频传输的质量。这是由于能量较低的节点随时可能会因为电量耗尽而退出网络，导致链路故障和数据包丢失。因此，节点的能量是进行视频路由设计必须关注的一个因素。Politis 等[46]提出了一种多径视频能效分组调度机制，其将数据包调度与低能耗分层路由算法相结合，使得节点可以直接将视频数据传送给簇头节点。不止一个簇头节点可以作为中继节点，因此自然形成了多径路由，并最终通过对最短路径算法和最大流算法的结合找到一组最优路径，以提供最大的端到端传输带宽。在分组调度方案中，作者基于 H.264/AVC 编码方案进行建模，以实现对每个分组可能对视频质量所产生的影响进行量化。当链路发生状况时，依据该模型，对视频失真影响最小的视频分组将优先被丢弃。功率感知机制也在该算法中得到应用，如果节点的能量水平较低，簇头节点在数据传输之前将会丢弃一部分对视频质量影响最小的节点，使得这些数据对视频产生的失真最小化。Chen 等[47]也考虑了功率感知分组调度，其把能量消耗感知融入多径有向地理路由算法中。在该算法中，每条路径在建立的时候都与源节点有一定的夹角，从而保证路径之间不相交。Chen 等假设网络内节点密度较高且每个节点都掌握其所在的位置。基于编码器（采用具有前向纠错保护机制的 H.26L）和视频内容，该算法能够选择最优路径的数量。如果不存在满足视频比特率要求的路径，视频编码器就会自适应地改变自身的参数以降低对网络带宽的需求。对能量消耗感知的实现则是通过一个路径优先调度（path priority scheduler，PPS）机制来进行的。路径优先调度机制根据路径状态（如估计的路径传输带宽、路径传输延迟、路径能量级别等）进行视频子流的分配。路径状态被记录在路径信息表中，用来对路径进行加权并对各条路径负载的流量进行均衡。如果所有路径上总的传输带宽过低，路径优先调度机制将对重要性较低的视频分组进行选择性丢弃。

3. 组播路由算法

在组播传输中，来自单个源节点的数据包被发送到一组已知的接收节点上。文献[48]介绍了传统移动自组织网络中的多播路由算法。显然，由于节点资源限制和节点移动性引起的拓扑频繁变化，适用于固定网络的组播协议可能在移动自组织网络中面临数据传输失败的风险。总体来说，发现并维护对一个特定组群的组播路由面临的主要挑战就是如何限制控制消息带来的开销。具体来讲，与单播传输一样，对于视频流组播，其本质问题仍然是确定最佳的传输路径，以确保视频内容能够以接收节点能够接受的质量进行投递，但是在单播传输中接收节点只有一个，而在组播传输中数据接收节点数量众多。

对于固定网络，通常基于生成树来建立多播路由，而在移动自组织网络中建立组播路由的方法也大抵如此。Mao 等[49]对单播多径路由算法进行了扩展，以实现视频流多播功能。Mao 等对网络和期望的视频失真进行建模，然后基于遗传算法找出一组最优参数使得各用户接收到的视频总体失真最小。视频数据采用多描述编码进行传输，仅采用两个描述，因此通过两个组播树分别进行投递。类似的方法在文献[50]中也得到使用。根据上述通过设计优化模型来寻找最优组播路径的设计思想，在文献[51]中采用线性优化建模的方法来确定用于无线网络视频数据组播的最优路径策略。在该优化模型中，作者采用网络拓扑、无线链路容量和链路竞争等因素作为约束条件。对该优化问题的求解仍是 NP-hard 问题，但可以通过降低复杂度并利用线性方法求得近似最优解。

3.5　视频机会传输需求及面临的挑战

　　人们对于网络形态的研究都是依据潜在的应用需求展开的。基于无线通信的可移动设备（如笔记本电脑）的出现，使得人们开始探索利用特定部署的非专用设备进行数据的传输。随之，学术界和工业界从对传统需要专用基础设施支撑的网络形态的研究转入对移动自组织网络的研究。随着近十几年来移动手持设备和车载终端的普及，如何利用泛在的、丰富的闲置设备资源进行数据的缓存和传输，以承载特定的应用为公众提供服务，成为学术界和工业界关注的问题。人们的研究也从传统移动自组织网络转向移动机会网络，传统移动自组织网络和移动机会网络都没有能够对网络实施统一管理的节点，网络内的所有节点无论是在功能上还是在网络行为上都相互平等，因此学术界一般认为移动机会网络是传统移动自组织网络的发展和演化。

　　但是，移动机会网络又与传统移动自组织网络存在明显的差异。首先，从节点行为来看，传统移动自组织网络一般是以专用设备进行专门部署的一种网络形态，因此节点的行为基本上是受控的，节点所有的行为都是有意识的，都要为网络部署的特定目的负责。而移动机会网络仅是为了充分利用泛在设备的闲置资源，是一种非专门部署的网络形态，网络内节点的行为受制于载体的行为，对网络来讲是不可控的，节点的网络行为可能是有意识的，也可能是无意识的，但无论是哪一种，都不会为网络的特定任务负责。其次，从网络拓扑来看，传统移动自组织网络一般是专门部署的、节点受控的网络形态，因此尽管节点的移动性会引起网络拓扑结构的变化，但这些变化都是可控、可接受的，不会出现极端的情况，即网络分割，从而影响特定任务的完成。即便在某些场景下，网络节点的运动行为不受控，但仍然假设其所构成的网络是全连通的。而在移动机会网络中，节点的行为完全不受控，其运动行为也不会考虑任务的需求和服务质量等因素，因此网络分割是常态。再次，从传输方式来看，传统移动自组织网络全连通的特性使得在任意时刻每两个节点间客观上都有传输路径存在，只是在进行数据传输时要通过路由算法进行路径构建。而移动机会网络弱连接的特性使得在任意时刻每两个节点间并不一定存在一条端到端的传输路径，在进行数据传输时只能通过各种手段选择最优的节点进行缓存，从而利用节点的移动性进行数据传输。最后，从应用场景来看，传统移动自组织网络的连通性较好，因此可以适用于高实时性的数据（包括视频流等）传输需求，而移动机会网络只能承载低实时性的数据传输需求。

　　基于上述原因，人们对传统移动自组织网络中的视频数据传输进行了非常深入的研究，由于网络形态的差异性，上述成果可以作为相关基础用来借鉴，但仍然无法直接适用于移动机会网络中的视频数据传输。关于移动机会网络中数据传输的研究也已经非常深入，但该研究仅针对一般数据，对视频数据传输的研究才刚刚起步。本节主要从传输应用需求、视频数据特点和面临挑战三个方面对移动机会网络中的视频传输进行介绍。

3.5.1　机会网络中视频传输应用需求

在当前机会网络的研究中，人们关注更多的是简单数据如标量、文本等的高效传输；但是，这些相对比较简单的数据不能实现对复杂场景的准确描述，而包含视频在内的多媒体数据能够为用户提供更加丰富、完备、易读和直观的信息，使得人们对各种复杂场景有一个非常准确的理解和刻画。一个典型的应用场景如图 3-2 所示。

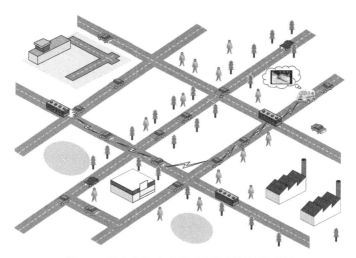

图 3-2　城市环境中车祸现场视频传输示意图

在城市某处发生了严重的车祸，接到报警后医院派出救护车赶往事故现场对受伤人员进行抢救。为了对现场人员的伤亡情况进行跟踪，以便帮助车上的救护人员提前做好准备，就需要对现场的视频信息进行采集，然后通过道路上行驶的车辆以机会传输的方式把视频流投递到救护车上的终端设备进行回放。采用机会传输的视频投递会有一定的时延，但是市区密集的车辆足以保证车祸现场的所有信息会在救护车抵达前被投递给救护人员，从而节省了大量的准备时间，而这正是简单的标量或者文本等数据无法替代的。

由于视频能够给人们带来更好的感官刺激和更加丰富的信息量，传统上以文本进行呈现的信息纷纷以音频、视频等多媒体的形式进行传播。最为典型的例子就是广告的传播，如图 3-3 所示。广告公司为了开展广告业务会在城市交通主干道的交叉口部署大量的液晶广告显示屏，然后向显示屏投递广告视频进行反复播放。广告视频的画质高，数据量大（如高清的汽车广告、新电影的发布等），且更新的频率相对较高，因此通过传统移动自组织网络进行传输很不现实。广告显示屏间有线的网络连接需要大量的成本投入，再加上视频广告对传输时延不敏感，因此充分利用车辆或者人的移动性，通过机会传输进行视频投递，成为一种较为理想的广告分发模式。

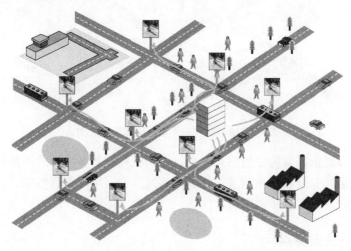

图 3-3　城市环境中视频广告分发示意图

随着移动互联网的发展，越来越多的应用加入了视频分享的功能（如微信就支持用户拍摄一小段视频在朋友圈中分享），使得任何移动终端都可以成为视频资源的生产者；同时，随着手机功能的日益强大，移动用户可以在手机上流畅地播放视频内容，使得流行的电影、MV 等在用户间的分享也成为一种趋势。海量的移动智能终端随时随地产生的视频数据分享使得当前的移动互联网不堪重负，数据迅猛的增长速度远远超出了移动互联网带宽扩容的速度。因此，如何对移动互联网的流量进行分流和卸载是目前学术界和工业界都普遍关注的问题[51,52]。而机会网络采用存储-携带-转发的方式进行设备间的直接通信，恰恰是实现上述目标的一种理想选择。视频数据已经成为移动互联网数据流量的主体，因此要想实现对移动互联网数据流量的有效卸载，就必须研究如何通过机会网络端到端的机会传输进行视频数据的传输和投递。图 3-4 给出了利用机会网络进行视频数据卸载的示意图。当用户 A 需要某一个视频数据时，其会通过蜂窝网络广播请求消息。如果用户 B 有用户 A 所需要的数据，其在收到广播请求信息后会利用用户的移动性通过机会传输的方式把视频投递给用户 A，从而成功地完成视频数据从移动互联网卸载。

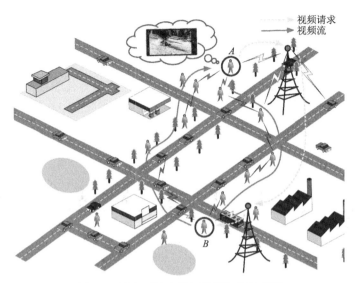

图 3-4　城市环境中视频数据卸载示意图

综上，对复杂场景的完整信息获取、基于视频的各种应用的涌现以及接入网络对数据流量的分流和卸载需求等都需要通过机会网络对视频数据进行传输，对其关键技术研究的需求非常迫切。

3.5.2　视频数据特点

现有对机会网络中数据传输的研究主要关注非多媒体的一般性数据，如温度、湿度等标量数据。相较于在机会网络中传输的一般性简单数据，视频数据具有如下独有的特征。

1. 数据体量大

标量数据量一般用 bit 来度量，文本数据量可以达到上千字节，而视频的数据量则用单位 MB 来度量。具体来讲，视频的数据量与其像素大小、帧率和时长等因素都有关系，而一段手机拍摄时长不超过 30s 的小视频就会超过 2MB，远远高于标量数据量和文本数据量的大小。此外，与一般的标量数据（如温度、湿度、噪声等）采集相比，对视频数据的采集都是持续性的，如视频监控等，这都使得视频数据大小呈线性增长，从而在数据量上与一般性数据产生质的差别。

2. 局部相关性强

由于数据量较大，视频数据在传输过程中都会采用压缩编码技术（如 MPEG等）进行压缩。图 3-5 给出了一个典型的压缩编码后的帧组（group of pictures，

GoP）结构。该帧组结构由 9 个视频帧组成，其中 1 个 I 帧、2 个 P 帧和 6 个 B 帧。I 帧是基础帧，通常是每个帧组的第一个帧，利用其本身的空间相关性，经过适度的压缩作为随机访问的参考点，因此又称为关键帧，在视频重建的过程中可以单独进行解码。P 帧称为前向预测编码帧，以 I 帧为参考帧，视频重建的过程中不能单独解码，必须依赖前一个 I 帧或者 P 帧。B 帧是双向预测内插编码帧，在解码的时候以前面的 I 帧或 P 帧和后面的 P 帧为参考帧。三种类型的视频帧在视频重建过程中的依赖关系使得一个帧组结构内的视频帧具有极强的相关性。在视频数据传输过程中，每个帧都会依据其大小分割成不同数量的视频数据包，因此视频帧之间的相关性造成了不同类型的数据包之间的相关性，从而使得来自不同帧的数据包在视频重建的过程中具有不同的重要性。换句话说，在视频数据传输过程中，其数据包之间有极大的差异性，而一般数据在传输过程中，其数据包的重要性是无差异的，这也是视频数据区别于一般数据最重要的特征。

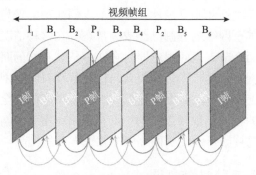

图 3-5　视频帧组结构示意图

3. 传输质量要求高

视频流在播放过程中尽量要求等待时间比较短、画面清晰且比较流畅，这就要求视频流在机会网络的传输过程中时延比较低，时延抖动比较小，同时还要求视频帧的重建质量比较高，而一般数据在机会网络中传输除了要求每个数据包的传输时延尽可能低之外，对时延抖动等并没有特殊的要求。而在机会网络中，节点间接触的不确定性使得时延抖动的要求很难得到满足，这是视频数据传输区别于一般数据传输的明显特征。

4. 适度丢包容忍

视频数据在传输过程中会被分割成不同类型的视频数据包，如果所有的视频数据包都能够被成功投递，在目的节点就能够把发送的视频数据完全重建出来；

如果有视频数据包在传输过程中由于存储区溢出、生存超时等被丢弃，则整个视频仍然能够进行重建，但是视频质量会降低，而大多基于机会网络部署的视频应用也不会苛求能够恢复出原始质量的视频画面。因此，在满足视频质量约束的情况下，视频数据传输容许网络有适度的丢包。然而在一般的数据传输中，在数据包丢弃以后，其包含的信息也会随之丢失。所以，适度的丢包容忍也是视频数据传输区别于一般数据传输的特征之一。

3.5.3　视频机会传输面临的挑战

在传统的移动自组织网络中，尽管节点的移动性会导致网络拓扑结构的急剧变化，但是整个网络仍然是全连通的，即在任意两个节点之间都存在至少一条端到端的路径。因此，移动自组织网络中的视频传输面临的挑战在本质上就是从这些已经存在的路径中选出一条或者数条进行视频数据投递，从而使得视频传输质量最优。而在移动机会网络中，节点的移动性仍会导致网络拓扑结构的变化，但是节点的移动具有自主性和非受控性，再加上人们活动的聚集性，这些都使得网络频繁发生分割，甚至网络的分割已经成为常态。在这种情况下，网络呈现出弱连接的特征，任意两个节点之间很难同时存在一条端到端的路径用于数据传输。这就使得移动机会网络中的数据传输模式与传统移动自组织网络中的数据传输模式相比发生了本质上的变化。数据传输模式的改变带来的是全新的挑战。具体来讲，网络间歇连通的特征、视频数据的特点及视频应用对传输质量的特殊要求使得移动机会网络中的视频传输主要面临以下几个方面的挑战。

1. 设备资源和交换机会受限

为了提高数据的投递率，移动机会网络中的数据传输一般采用多副本的方式进行，即一个数据包的多个副本在网络中同时进行投递，只要其中一个副本投递成功，该数据包就投递成功。多副本的投递算法一方面可以提高数据的传输质量，在提高数据包投递率的同时能够显著降低传输时延，另一方面多副本传输机制的引入增加了数据的传输开销，将会消耗掉大量的网络存储容量和传输带宽。然而，移动机会网络中的参与主体都是移动无线终端，它们的存储容量一般较小，或者说携带者愿意分享出来用于数据机会传输的存储空间非常有限；另外，数据的交换也是通过移动终端设备之间的机会接触进行的，由于节点的移动性，在一次接触期间，能够完成交换的数据量也比较有限。因此，如何解决视频传输对网络资源的大规模需求与节点存储容量和数据交换机会的有限性之间的矛盾是移动机会网络视频数据传输面临的第一个挑战。

2. 网络拓扑松散

视频流在传输的过程中，为了提高其实时性，要求网络能够保证较小的传输时延；为了保证视频流播放的流畅性，要求网络能够保证视频数据包之间较小的时延抖动，同时为了保证视频的清晰度，还要求网络能够提供足够的传输带宽。但是在移动机会网络中，节点属于携带者，节点的运动受制于用户的自主移动性，数据的转发都是在用户自觉或者不自觉的情况下进行的，所以用户不会改变自己的行为来迎合视频数据传输的需求。节点的移动性和间歇连通性使得网络处于弱连接状态，数据的传输只能采用存储-携带-转发的方式，充分利用用户的移动性，通过节点间的机会接触来进行。节点行为的不确定性导致其接触机会的偶然性，最终使得数据传输机会具有较强的不确定性。视频传输需要网络能够提供一个相对稳定的信道环境来保障传输质量，但上述情况完全与其需求相背离。因此，移动机会网络中视频数据传输面临的第二个挑战就是如何解决时变、松散的网络状态与视频传输需要的稳定的网络环境之间的矛盾。

3. 节点合作意愿低下

视频数据在时间维度上的连续性要求参与传输的节点能够通力合作，这样才能保障其在目的节点的重建质量。但是，视频数据自身的特点又使得其在传输过程中会消耗用户大量的资源，如能量、存储、运算和传输带宽等，严重降低了用户参与的积极性和主动性，尤其是在用户设备能量不足或者用户在移动设备上运行其他对设备传输带宽、运算和存储要求较高的应用时（如高清的网络游戏、在线高清视频等）。用户的参与意愿从本质上决定着节点的网络行为，进而影响了视频数据的机会传输质量，因此移动机会网络中数据传输面临的第三个挑战就是如何解决视频数据传输的广泛参与性需求和用户参与意愿低下之间的矛盾。

3.6　视频机会传输研究现状

尽管人们已经从多个角度对传统网络中的无线多跳视频传输做了大量的研究，如 MAC 层协议[53]、路由算法[54]、网络编码[55]、跨层设计[56]等，但是网络的间歇连通性引发的颠覆性数据传输模式使得视频数据在移动机会网络中的传输面临很多严峻的问题。因此，目前真正在移动机会网络范畴内针对视频数据传输的研究依然相当匮乏。

在城市环境中，车辆比较密集，车载设备的传输距离较远，网络形态更加接近于传统移动自组织网络，因此人们对车联网中视频传输的研究较多。文献[57]最早对该问题展开了探索，并提出了 V3 架构，以在高速公路的场景下提供实时的视频流服务；尽管其也用到存储-携带-转发的思想来应对网络的间歇连通性，但是该架构不涉及路由问题且无法对视频流的传输质量做任何保证。文献[58]提出了 SUV（streaming urban video）机制，利用车联网中的节点提供视频流传播服务，利用 GPS 信号对各个中继节点进行同步，并采用时分复用的方式进行数据传输；同时，为了最小化碰撞，该机制还采用图着色理论（graph-coloring theory）作为辅助对中继节点的传输进行了调度。为了提高视频流的播放质量并尽可能少地利用带宽资源，文献[59]提出了 CodePlay 机制，其利用符号级的网络编码（symbol-level network coding，SLNC）来对视频流进行处理，并通过节点间的协作完成视频流在网络中的覆盖。但是，无论是 SUV 机制还是 CodePlay 机制都仅考虑节点比较密集的场景，而没能充分考虑由节点的间歇连通性带来的视频数据传输的问题。文献[60]则从链路层数据重传角度对车联网中的视频传输进行了研究，通过一个多目标（启动时延和播放冻结次数）优化框架来对路边单元的数据重传次数进行自适应调整，从而保证两跳范围内移动目标车辆上视频的播放质量。但是由于网络环境的复杂性和不间歇连通性，该方案有很强的局限性而无法适用于长距离的视频传输。此外，还有一些相关研究，如文献[61]等，但这些研究并没有在本质上把车联网当作移动机会网络来对待。

文献[62]较早提到利用移动机会网络来提供视频点播服务，通过对现有 802.11 直接链路协议进行修改，使得在基站支持模式下的 Wi-Fi 设备也可以直接进行数据传输而不必限制在同一个基站范围内，从而降低了稀疏部署的接入点对视频传输的影响。但是，该文献只是机会地利用设备间最好的信道达到最高的传输速率，而并没有考虑网络的不连通性对数据传输的影响。同类工作还有文献[63]，其设计了 MicroCast 系统，可以通过对附近手机的合理调度使其以协作的方式分工下载正在共同观看的视频，但是所有手机之间是连通的，从本质上来说仍然是一个传统移动自组织网络。此外，文献[64]提出了一种名字为 VideoFountain 的服务，通过在热点街道部署"小货摊"的形式来为有 Wi-Fi 功能但是没有接入网络的设备提供视频下载服务，而"小货摊"间视频数据的投递和分享依靠人的移动性。但是该文献只是以视频文件投递作为应用背景，本质上并没有考虑视频数据的任何特性。

3.7　主要研究内容及主要贡献

作者近年来一直从事移动机会网络中视频数据传输的研究。针对视频数据在移动机会网络中传输所面临的挑战，作者在该领域的研究内容和主要贡献可以归纳如下，对其工作的详细介绍将在后续章节展开。

3.7.1　主要研究内容

1. 视频数据包的调度策略

视频数据相对于一般数据来说具有较大的数据量，同时，为了提高数据的投递率，在移动机会网络中对数据包往往采用多副本的方式，使得节点的存储资源更加匮乏，因此，节点间交换数据时常常会由缓冲区的溢出而造成大量的视频数据包被丢弃。另外，移动机会网络主要依靠节点或者用户之间的机会接触来进行数据传输，然而由于节点的移动性，节点之间的接触时长非常短，在一次接触时间内能够交换的数据量非常有限。如何考虑数据包在网络中的扩散情况，利用视频数据包之间极强的局部相关性来设计合理的视频数据包调度策略是本书研究的一个主要内容。该策略可以在缓冲区溢出时挑选合适的视频数据包丢弃，并在传输机会来临时调度合适的数据包进行传输，从而达到优化视频传输的目的。

2. 传输时延自适应的中继节点选择算法

移动机会网络中数据的传输主要借助于人或者车辆的移动性，通过无线设备之间的机会接触来实现。源节点到目的节点之间没有时刻连通的链路存在，因此移动机会网络中的数据传输要比传统移动自组织网络中的数据传输具有更大的时延。基于此，作者认为移动机会网络提供的视频服务一般具有相对宽松的时延约束。当前针对一般数据的路由算法都过分地强调数据传输时延的最小化，然而为了降低传输时延，在数据传输过程中要尽可能多地利用无线衰落信道。但是，当视频流通过无线衰落信道传输时，一方面，由于信道自身的特性和外来无线链路干扰的影响，大量的视频数据包被丢弃或者损坏；另一方面，如果尽量减少无线衰落信道的使用，视频流的传输时延会大大增加，视频数据包也会因为超时而被丢弃。这些丢弃的视频数据包会使得接收到的视频流产生很大的失真，从而降低视频流的传输质量。因此，该部分的研究内容之一就是如何把无线干扰的因素考虑在内，设计合理的路由算法在视频流的失真度和时延之间找到一个折中，使得在满足时延约束的情况下视频流的传输质量达到最优。

此外，在城市环境中，在不同的时间段，人群和车辆的密度都会发生很大的变化。当人群和车辆的密度比较稀疏时，即使对传输时延的要求相对宽松，传输时延过高也会使得视频流无法利用移动机会网络进行投递。在这种情况下，为了尽可能地降低传输时延，必须借助外界的一些基础设施来辅助进行视频传输。在很多城市的交叉路口，为了进行交通监控安装了很多监控设备；同时，为了便于数据的收集，这些监控设备都配置了无线通信接口。本书把这些已经存在的监控设备看作网络中的静态节点，通过这些静态节点的辅助来降低网络的传输时延。因此，该部分的另一个研究内容就是当移动机会网络中的节点密度无法满足最低的传输时延要求时，如何从这些辅助设施中选取合适的静态节点作为最优节点来对视频流进行接力缓存，从而降低视频流的传输时延，提高视频流的播放质量。

3. 面向传输质量优化的激励机制

在移动机会网络中，对激励机制的研究分成两类，即对节点参与性的激励和对节点合作性的激励。前者主要刺激用户参与到数据收集或者传输的任务中，而后者主要鼓励自私的节点之间相互协作。然而上述两类激励机制都不关注网络整体的性能指标和数据包的差异性。当利用移动机会网络来提供视频服务时，为了提高网络整体的传输质量，不仅要鼓励尽可能多的节点参与到视频传输中，同时还要保证节点之间通力合作。因此，本书的研究内容是如何设计合理的机制，不仅能够实现对用户参与性和合作性的融合激励，还能够充分考虑视频数据包之间的局部相关性，在给节点提供激励的同时还能以网络的整体性能指标（即视频流的传输质量）为设计目标。

3.7.2　主要贡献

1. 引入帧投递率（可解帧比例）来对视频传输质量进行度量

传统的数据传输往往采用包投递率等指标来衡量网络的传输质量，但是对视频来说，帧间的相关性导致视频数据包对视频重建重要性的差异，从而使得数据包投递率无法准确度量视频的传输质量。因此，本书引入帧投递率（frame delivery rate，FDR）（成功传输的视频帧个数占总视频帧个数的比例）的概念来对视频传输质量进行量化。

2. 建立基于视频质量增益的数据包调度策略

在视频传输中，每一个尚未被成功投递的视频数据包被目的节点接收以后都会对视频重建的质量产生一定的增益，这就是视频数据包的价值所在。在度量数据包价值时，受到两个方面因素的影响：第一，视频数据包对视频重建的增益大小；第二，视频数据包在网络中的副本数量多少。视频数据包重要性越高，副本数越少，则其单个副本的价值越高，反之亦然。从数据包的调度管理入手，建立了它们之间的量化分析模型，并据此提出了基于视频质量增益的包调度策略，可以通过对视频数据包的优化调度来提高视频数据的传输质量。

3. 提出了传输模式自适应的视频机会路由算法

无线衰落信道和来自其他车辆的干扰使得视频数据包在传输过程中发生错误或者被丢弃，从而影响视频质量；反之，如果不利用无线链路来进行数据传输，大量的视频数据包也会由于时延过大而被丢弃，从而造成重建视频的失真。为了解决上述矛盾，本书提出了传输模式自适应的视频机会路由算法，其能够在上述两种传输模式之间自适应切换，通过在传输时延和丢包之间找到一个均衡来最大化视频流的重建质量。

4. 提出了静态节点辅助的视频接力缓存路由算法

当目的节点处于运动状态时，如何能够在保证播放质量要求的前提下以最小的传输时延从固定位置向其投放视频流是一个非常具有实际应用需求的问题。针对该问题，本书提出了静态节点辅助的视频接力缓存路由算法，能够将具有大容量存储及无线通信功能的交通监控设备（交通摄像头等）作为辅助静态节点，充分考虑目的车辆的实时位置、速度、交通状况和视频质量要求等因素，为每一段视频流选择最优的静态节点作为向目的车辆投放的中继节点，然后依靠中继节点间的协作和接力来保证视频播放质量和时延最小化。

5. 设计了基于动态定价的、面向视频传输质量保证的节点传输激励机制

移动机会网络中的视频传输需要节点间紧密合作来保证视频的传输质量，而节点自私性的存在严重损害了网络的投递性能。为了解决上述问题，本书提出了基于动态定价的、面向视频传输质量保证的节点传输激励机制。该机制把视频数据包作为可以在节点间自由买卖的虚拟商品，然后综合数据包对视频重建质量的增益以及该视频数据包在网络中的副本数来动态计算每个视频数据包的价格。市场的逐利性会驱动视频数据包在节点间的交换并投递到目的节点。由于数据包的动态定价是以视频数据包的边缘质量增益和副本数作为依据的，所以该激励机制在驱动节点间协作的同时还能对视频的传输质量进行优化。

3.8 本 章 小 结

移动机会网络是传统移动自组织网络的一个演化形态，传统移动自组织网络中的视频数据传输与移动机会网络中视频数据机会传输有很多相关性，因此具有借鉴意义。本章首先对传统移动自组织网络中视频数据传输所面临的挑战、为了

适应网络传输而采用的视频编码技术、视频路由算法的相关工作进行了综述；然后，介绍了移动机会网络中视频数据传输的应用需求、数据特点和移动机会网络的新特征使得视频机会传输所面临的新挑战，并对视频机会传输当前的研究现状进行了综述；最后，结合作者的研究工作简单介绍了作者在视频机会传输领域主要的研究内容以及研究成果。本章旨在使读者了解在传统移动自组织网络中视频传输技术的研究脉络，并对移动机会网络中的视频数据传输面临的挑战和研究现状有较为深刻的认识。

参 考 文 献

[1] Rajaraman R. Topology control and routing in ad hoc networks: a survey. ACM SIGACT News, 2002, 33 (2) : 60-73.

[2] Pucha H, Das S M, Hu Y C. The performance impact of traffic patterns on routing protocols in mobile ad hoc networks. Computer Networks, 2007, 51 (12) : 3595-3616.

[3] Team J V. Draft ITU-T recommendation and final draft international standard of joint video specification. ITU-T Rec. H. 264/ISO/IEC 14496-10 AVC, 2003.

[4] Jan F, Mathieu B, Meddour D. Video streaming experiment on deployed ad hoc network//2007 3rd International Conference on Testbeds and Research Infrastructure for the Development of Networks and Communities, Lake Buena, 2007: 1-10.

[5] Kong Z N, Tsang D H K, Bensaou B, et al. Performance analysis of IEEE 802.11e contention-based channel access. IEEE Journal on Selected Areas in Communications, 2004, 22 (10) : 2095-2106.

[6] Hortelano J, Cano J C, Calafate C T, et al. Evaluating the performance of real time videoconferencing in ad hoc networks through emulation//2008 22nd Workshop on Principles of Advanced and Distributed Simulation, Roma, 2008: 119-126.

[7] Asif H M, Sheltami T R, Shakshuki E E. Power consumption optimization and delay minimization in MANET//Proceedings of the 6th International Conference on Advances in Mobile Computing and Multimedia, Linz, 2008: 67-73.

[8] Gharavi H. Multi-channel for multihop communication links//2008 International Conference on Telecommunications, Saint Petersburg, 2008: 1-6.

[9] Karlsson J, Li H, Eriksson J. Real-time video over wireless ad hoc networks//Proceedings of the 14th International Conference on Computer Communications and Networks, San Diego, 2005: 596.

[10] Calafate C T, Malumbres M P, Manzoni P. Performance of H.264 compressed video streams over 802.11b based MANETs//The 24th International Conference on Distributed Computing Systems Workshops, Tokyo, 2004: 776-781.

[11] Perkins C E, Royer E M. Ad hoc on-demand distance vector routing//Proceedings of the 2nd IEEE Workshop on Mobile Computing Systems and Applications, Washington D. C., 1999: 90-100.

[12] Jacquet P, Muhlethaler P, Clausen T, et al. Optimized link state routing protocol for ad hoc networks//2001 IEEE International Multitopic Conference, Lahore, 2001: 62-68.

[13] Johnson D B, Maltz D A, Broch J. DSR: the dynamic source routing protocol for multi-hop wireless ad hoc networks. Ad Hoc Networking, 2001, 5(1): 139-172.

[14] Park V D, Corson M S. A highly adaptive distributed routing algorithm for mobile wireless networks//Proceedings of INFOCOM'97, Kobe, 1997: 1405-1413.

[15] Xue P, Chandra S. Revisiting multimedia streaming in mobile ad hoc networks//Proceedings of the 2006 International Workshop on Network and Operating Systems Support for Digital Audio and Video, Newport, 2006: 1-7.

[16] Halvorsen M, Plagemann T, Siekkinen M. Video streaming over MANETs: reality or fiction//The 4th International ICST Mobile Multimedia Communications Conference, Oulu, 2010: 1-7.

[17] Benigni A, Strasser T, de Carne G, et al. Real-time simulation-based testing of modern energy systems: a review and discussion. IEEE Industrial Electronics Magazine, 2020, 14(2): 28-39.

[18] Tornell S M, Calafate C T, Cano J C, et al. DTN protocols for vehicular networks: an application oriented overview. IEEE Communications Surveys & Tutorials, 2015, 17(2): 868-887.

[19] Wiegand T, Sullivan G J, Bjontegaard G, et al. Overview of the H.264/AVC video coding standard. IEEE Transactions on Circuits and Systems for Video Technology, 2003, 13(7): 560-576.

[20] Ostermann J, Bormans J, List P, et al. Video coding with H.264/AVC: tools, performance, and complexity. IEEE Circuits and Systems Magazine, 2004, 4(1): 7-28.

[21] Wang Y, Reibman A R, Lin S N. Multiple description coding for video delivery. Proceedings of the IEEE, 2005, 93(1): 57-70.

[22] Chakareski J, Han S, Girod B. Layered coding vs. multiple descriptions for video streaming over multiple paths//Proceedings of the 11th ACM International Conference on Multimedia, Berkeley, 2003: 422-431.

[23] Singh R, Ortega A, Perret L, et al. Comparison of multiple-description coding and layered coding based on network simulations//Image and Video Communications and Processing 2000, San Jose, 2000: 929-939.

[24] Schwarz H, Marpe D, Wiegand T. Overview of the scalable video coding extension of the H. 264/AVC standard. IEEE Transactions on Circuits and Systems for Video Technology, 2007, 17(9): 1103-1120.

[25] Mao S W, Lin S N, Panwar S S, et al. Video transport over ad hoc networks: multistream coding with multipath transport. IEEE Journal on Selected Areas in Communications, 2003, 21(10): 1721-1737.

[26] Qin M, Zimmermann R. Supporting guaranteed continuous media streaming in mobile ad hoc networks with link availability prediction//Proceedings of the 14th ACM International Conference on Multimedia, Barbara, 2006: 153-156.

[27] Kim J, Hong J C. Channel-adaptive multiple description coding for wireless video streaming// 2007 16th International Conference on Computer Communications and Networks, Honolulu, 2007: 474-478.

[28] Kim J. Layered multiple description coding for robust video transmission over wireless ad hoc

networks//International Symposium on Visual Computing, California, 2006: 1-8.

[29] Schierl T, Ganger K, Hellge C, et al. SVC-based multisource streaming for robust video transmission in mobile ad hoc networks. IEEE Wireless Communications, 2006, 13(5): 96-103.

[30] Thomos N, Frossard P. Raptor network video coding//Proceedings of the International Workshop on Workshop on Mobile Video, Augsburg, 2007: 19-24.

[31] Schierl T, Johansen S, Perkis A, et al. Rateless scalable video coding for overlay multisource streaming in MANETs. Journal of Visual Communication and Image Representation, 2008, 19(8): 500-507.

[32] Haas Z J, Pearlman M R. The performance of query control schemes for the zone routing protocol. ACM SIGCOMM Computer Communication Review, 1998, 28(4): 167-177.

[33] Kandris D, Tsagkaropoulos M, Politis I, et al. Energy efficient and perceived QoS aware video routing over wireless multimedia sensor networks. Ad Hoc Networks, 2011, 9(4): 591-607.

[34] Wang Z, Crowcroft J. Quality-of-service routing for supporting multimedia applications. IEEE Journal on Selected Areas in Communications, 1996, 14(7): 1228-1234.

[35] Lin C R, Liu J S. QoS routing in ad hoc wireless networks. IEEE Journal on Selected Areas in Communications, 1999, 17(8): 1426-1438.

[36] Mueller S, Tsang R P, Ghosal D. Multipath routing in mobile ad hoc networks: issues and challenges// Performance Tools and Applications to Networked Systems, Revised Tutorial Lectures, Berlin, 2004: 209-234.

[37] Xu T, Cai Y. Streaming in MANET: proactive link protection and receiver-oriented adaptation// 2007 IEEE International Performance, Computing, and Communications Conference, New Orleans, 2007: 178-185.

[38] Frias V C, Delgado G D, Igartua M A. Multipath routing with layered coded video to provide QoS for video-streaming over manets//2006 14th IEEE International Conference on Networks, Singapore, 2006: 1-6.

[39] Wei W, Zakhor A. Robust multipath source routing protocol (RMPSR) for video communication over wireless ad hoc networks//2004 IEEE International Conference on Multimedia and Expo, Taipei, 2004: 1379-1382.

[40] Wei W, Zakhor A. Multipath Video Communication in Wireless Ad Hoc Networks: Framework, Unicast, and Multicast. Saarbrucken: VDM Publishing, 2008.

[41] Setton E, Zhu X Q, Girod B. Congestion-optimized multi-path streaming of video over ad hoc wireless networks//2004 IEEE International Conference on Multimedia and Expo, Taipei, 2004: 1619-1622.

[42] Zhu X Q, Girod B. Distributed rate allocation for video streaming over wireless networks with heterogeneous link speeds//Proceedings of the 2007 International Conference on Wireless Communications and Mobile Computing, Honolulu, 2007: 296-301.

[43] Zhu X Q, Setton E, Girod B. Congestion-distortion optimized video transmission over ad hoc networks. Signal Processing: Image Communication, 2005, 20(8): 773-783.

[44] Nunome T, Tasaka S. An audio-video multipath streaming scheme for ad hoc networks: the effect of node mobility. IEICE Transactions on Communications, 2006, 89(3): 974-977.

[45] Vaidya B, Ko N Y, Jarng S S, et al. Investigating voice communication over multipath wireless mobile ad hoc network//Proceedings of the 2nd International Conference on Ubiquitous Information Management and Communication, Suwon, 2008: 528-532.

[46] Politis I, Tsagkaropoulos M, Dagiuklas T, et al. Power efficient video multipath transmission over wireless multimedia sensor networks. Mobile Networks and Applications, 2008, 13 (3-4): 274-284.

[47] Chen M, Leung V C M, Mao S W, et al. Cross-layer and path priority scheduling based real-time video communications over wireless sensor networks//VTC Spring 2008-IEEE Vehicular Technology Conference, Marina Bay, 2008: 2873-2877.

[48] de Morais C C, Gossain H, Agrawal D P. Multicast over wireless mobile ad hoc networks: present and future directions. IEEE Network, 2003, 17 (1): 52-59.

[49] Mao S W, Cheng X L, Hou Y T, et al. Multiple description video multicast in wireless ad hoc networks//First International Conference on Broadband Networks, San Jose, 2004: 671-680.

[50] Wei W, Zakhor A. Multiple tree video multicast over wireless ad hoc networks. IEEE Transactions on Circuits and Systems for Video Technology, 2007, 17 (1): 2-15.

[51] Li Y, Su G, Hui P, et al. Multiple mobile data offloading through delay tolerant networks// Proceedings of the 6th ACM Workshop on Challenged Networks, Las Vegas, 2011: 43-48.

[52] Aijaz A, Aghvami H, Amani M. A survey on mobile data offloading: technical and business perspectives. IEEE Wireless Communications, 2013, 20 (2): 104-112.

[53] Oh B J, Chen C W. A cross-layer approach to multichannel MAC protocol design for video streaming over wireless ad hoc networks. IEEE Transactions on Multimedia, 2009, 11 (6): 1052-1061.

[54] Ikeda M, Honda T, Barolli L. Performance of optimized link state routing protocol for video streaming application in vehicular ad hoc networks cloud computing. Concurrency and Computation: Practice and Experience, 2015, 27 (8): 2054-2063.

[55] Liao Y T, Gibson J D. Routing-aware multiple description video coding over mobile ad hoc networks. IEEE Transactions on Multimedia, 2011, 13 (1): 132-142.

[56] Setton E, Yoo T, Zhu X Q, et al. Cross-layer design of ad hoc networks for real-time video streaming. IEEE Wireless Communications, 2005, 12 (4): 59-65.

[57] Guo M, Ammar M H, Zegura E W. V3: a vehicle-to-vehicle live video streaming architecture. Pervasive and Mobile Computing, 2005, 1 (4): 404-424.

[58] Soldo F, Casetti C, Chiasserini C F, et al. Video streaming distribution in VANETs. IEEE Transactions on Parallel and Distributed Systems, 2011, 22 (7): 1085-1091.

[59] Yang Z Y, Li M, Lou W J. Codeplay: live multimedia streaming in VANETs using symbol-level network coding//The 18th IEEE International Conference on Network Protocols, Kyoto, 2010: 223-232.

[60] Asefi M, Mark J W, Shen X S. A mobility-aware and quality-driven retransmission limit adaptation scheme for video streaming over VANETs. IEEE Transactions on Wireless Communications, 2012, 11 (5): 1817-1827.

[61] Xu C Q, Zhao F T, Guan J F, et al. QoE-driven user-centric VoD services in urban multihomed

P2P-based vehicular networks. IEEE Transactions on Vehicular Technology, 2013, 62(5): 2273-2289.

[62] Yoon H, Kim J W, Tan F, et al. On-demand video streaming in mobile opportunistic networks// 2008 6th Annual IEEE International Conference on Pervasive Computing and Communications, Hong Kong, 2008: 80-89.

[63] Keller L, Le A, Cici B, et al. Microcast: cooperative video streaming on smartphones// Proceedings of the 10th International Conference on Mobile Systems, Applications, and Services, Lake District, 2012: 57-70.

[64] Lee G M, Rallapalli S, Wei D, et al. Mobile video delivery via human movement//2013 IEEE International Conference on Sensing, Communications and Networking, New Orleans, 2013: 406-414.

第4章 面向视频机会传输质量优化的数据包调度策略

4.1 引 言

在机会网络的视频传输中，有限的节点存储容量使得大量的视频数据包会因为存储区溢出而被丢弃；同时，受限的数据交换机会也无法使所有需要传输的视频数据包在节点相遇时全部得到交换，从而使得大量的数据包由于超过生存时长而被丢弃。这些被丢弃的数据包无疑会严重影响视频的重建质量。另外，视频数据的压缩编码使得不同的视频帧在重建过程中具有较强的依赖关系，导致不同类型的视频数据包在视频重建的过程中具有显著的重要性差异。因此，如何充分利用这种视频数据包间的差异性，设计合理、高效的包调度策略，尽可能降低有限存储和受限数据交换机会对视频传输的影响，从而提高视频传输质量，是本章要解决的主要问题。具体来讲，该问题主要分为以下两个部分。

1. 视频传输质量建模

高效的调度策略在对数据包进行调度时必须以每个待交换视频数据包对视频重建质量的重要性为依据；而除了数据包重要性差异外，一个视频数据包在网络中副本数的多少也是影响其对视频重建的重要因素。为了对视频数据包的重要性进行度量，必须建立视频传输质量、视频数据包类型和视频数据包在网络中的扩散状况三者之间的量化关系模型。

2. 基于视频传输边缘质量增益的包调度策略

依据上述视频传输质量模型可以计算出每一个视频数据包对视频重建质量的边缘增益。边缘增益是对视频数据包重要性的度量，其值越大表示该数据包越重要。因此，依据视频传输边缘质量增益设计的包调度策略可以有效实现对视频传输质量的优化。

4.2　相关工作介绍

在机会网络中，一方面，节点的资源非常受限，特别是在早期，设备存储区的容量非常小，电池也无法满足长时间的能量供给；另一方面，数据的传输依靠移动节点间的瞬间接触，有限的有效传输时长加上较低的无线传输速率使得网络的传输能力非常有限。因此，对数据包的调度和管理非常必要。在机会网络的研究领域，专门针对机会传输中包调度策略的研究较少，在进行算法设计和工程实施时，通常采用传统网络中数据包调度和管理策略对机会传输中的数据包进行处理。目前，在机会网络中广泛应用的策略如下[1,2]。

（1）Drop head。在该策略中，数据包采用先进先出的原则，当传输机会来临时，最先进入队列的数据包被最先传输；同样，当队列溢出时，如果有新的数据包进入，则最先进入队列的数据包被最先丢弃。

（2）Drop end。在该策略中，最先进入队列的数据包被最先传输；当队列溢出时，如果有新的数据包进入，则最后进入队列的数据包被丢弃。

（3）Drop tail。在该策略中，最先进入队列的数据包被最先传输；当队列溢出时，队列不再接收新的数据包，而即将进入的数据包将被丢弃。

（4）Drop oldest。在该策略中，剩余生存时长最短的数据包将被优先传输；当队列溢出时，剩余生存时长最短的数据包也将被优先丢弃。

尽管目前上述策略都得到了广泛应用，但是性能距最优性能仍有一定的差距，这主要是由于在包调度过程中上述策略仅考虑了单个节点存储器的数据包信息，而这些信息对全网来说是非常局部的。为了克服该问题，文献[3]、[4]提出通过收集全网的数据包信息来针对对应的传输性能目标（如时延、投递率等）建立目标函数，然后通过目标函数计算每个数据包的效用值，最终根据该效用值进行数据包的调度。特别是在文献[4]中，在假定数据包的全局信息已知的情况下，设计了最优调度策略，然后基于数据包全局信息未知的现实情况给出了分布式包调度策略。但是，这些策略都是针对一般的数据传输设计的，并未考虑视频数据自身的特征，因此当这些策略用于对视频数据包进行调度时，视频的传输质量无法达到最优。

4.3　视频传输质量建模

本节首先介绍量化指标的选择和定义，然后详细介绍视频传输质量、视频数据包类型和视频数据包在网络中的扩散状况（如副本个数、已遍历的节点个数）三者关系的建模过程。

4.3.1　视频传输质量定义

对于一般的视频文件在机会网络中的传输，传输质量最直接的评判标准就是经过相同的传输时间后该视频数据最终在接收端重建质量的高低。因此，很自然会想到用传统衡量视频质量的指标——峰值信噪比（peak signal to noise ratio，PSNR）来度量视频传输质量。但是，对 PSNR 计算的前提是已经完成对该视频的重建，而当所属视频数据包仍在机会网络中传输时，显然视频文件无法完成重构。因此，本章选择可解帧比例（decodable frame ratio，DFR）来对机会网络中的视频传输质量进行度量。

定义 4-1（可解帧比例）　对于一个视频段 V，其可解帧比例 Q 定义为能够在接收端成功解码的帧的个数与其所包含的所有视频帧数量 N_T 的比值，即

$$Q \stackrel{\mathrm{def}}{=\!=} \frac{N_I + N_B + N_P}{N_T} \tag{4-1}$$

其中，N_I、N_P 和 N_B 分别表示能够成功重建的 I 帧、P 帧和 B 帧的个数。

可解帧比例表征了在视频传输过程中视频帧成功投递的比例，因此为了与一般数据传输中的包投递率相对应，本书中也称其为帧投递率。

4.3.2　视频传输质量与帧间局部相关性关系量化

假设视频段 V 由 N_G 个如图 4-1 所示的帧结构组成。在传输过程中，平均每个 I 帧可以被分割成 M_I 个 I 类型的视频数据包，每个 P 帧可以被分割成 M_P 个 P 类型的视频数据包，每个 B 帧可以被分割成 M_B 个 B 类型的视频数据包。同时，假设每个 I 类型的视频数据包、P 类型的视频数据包和 B 类型的视频数据包的投递成功率分别为 R_I、R_P 和 R_B。用 $P(X)$ 表示视频帧 X 能够被成功重建的概率，则可以推导出 N_I、N_P 和 N_B 的表达式如下（表 4-1 给出了视频数据包调度策略设计中用到的主要符号及其意义）。

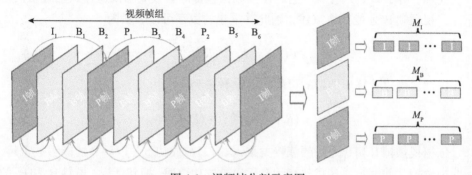

图 4-1　视频帧分割示意图

表 4-1　视频数据包调度策略设计中用到的主要符号及其意义

符号	意义
N_I、N_P、N_B、N_T	视频段 V 包含的 I 帧、P 帧、B 帧的数量及帧的总数
M_I、M_P、M_B	I 帧、P 帧、B 帧能够被平均分割成的视频数据包的数量
R_I、R_P、R_B	I 帧、P 帧、B 帧视频数据包的投递成功率
$P(X)$	视频帧 X 被成功投递的概率
$K_I(t)$、$K_P(t)$、$K_B(t)$	在 t 时刻，I 帧、P 帧、B 帧网络中不同的视频数据包的数量
$N_{I,i}(t)$、$N_{P,i}(t)$、$N_{B,i}(t)$	在 t 时刻，I 帧、P 帧、B 帧第 i 个视频数据包在网络中的副本数量
$M_{I,i}(t)$、$M_{P,i}(t)$、$M_{B,i}(t)$	在 t 时刻，I 帧、P 帧、B 帧第 i 个视频数据包经历的节点数量
$T_{I,i}(t)$、$T_{P,i}(t)$、$T_{B,i}(t)$	在 t 时刻，I 帧、P 帧、B 帧第 i 个视频数据包消耗的生存时长
$R_{I,i}(t)$、$R_{P,i}(t)$、$R_{B,i}(t)$	在 t 时刻，I 帧、P 帧、B 帧第 i 个视频数据包剩余的生存时长

依据视频帧间的相关性可知，当所有属于 I 帧的数据包全部被成功投递时，该 I 帧就可以成功重构。因此，I 帧成功解码的概率可以表示为

$$P_I = (R_I)^{M_I} \tag{4-2}$$

据此可以知道，期望的可解码的 I 帧数量为

$$N_I = P_I N_G = (R_I)^{M_I} N_G \tag{4-3}$$

如果视频帧 I_1 能够被成功重建，并且所有属于视频帧 P_1 的视频数据包都能够被成功投递，则视频帧 P_1 才可以被成功解码。因此，可以得到 P_1 成功重建的概率为

$$P(P_1) = (R_I)^{M_I} (R_P)^{M_P} \tag{4-4}$$

同理，对于 P_2，只有属于它的视频数据包都能够被成功投递且 P_2 已经被成功重建，视频帧 P_2 才能完成重建，因此其重建的概率可以表示为

$$P(P_2) = (R_I)^{M_I} (R_P)^{2M_P} \tag{4-5}$$

这样，可以计算出期望的可解码 P 帧数量为

$$N_P = (R_I)^{M_I} (R_P)^{M_P} [1 + (R_P)^{M_P}] N_G \tag{4-6}$$

依据视频帧 I_1 和 P_1 之间的依赖关系，只有 I_1 被成功重建以后 P_1 才能够被重建，因此视频帧 P_1 能够被成功重建表示 I_1 已经被成功重建。换句话说，虽然 B_1 和 B_2 的

重建依赖 I_1 和 P_1，但是只要 P_1 能够被重建且所有属于自己的视频数据包都能够被成功投递，则 B_1 和 B_2 就可以被成功解码。因此，可得

$$P(B_1) = P(B_2) = (R_I)^{M_I}(R_P)^{M_P}(R_B)^{M_B} \tag{4-7}$$

同理，还可以得到 B_3、B_4、B_5 和 B_6 的重建概率为

$$\begin{cases} P(B_3) = P(B_4) = (R_I)^{M_I}(R_P)^{2M_P}(R_B)^{M_B} \\ P(B_5) = P(B_6) = (R_I)^{2M_I}(R_P)^{2M_P}(R_B)^{M_B} \end{cases} \tag{4-8}$$

因此，可以计算出可解码的 B 帧数量的期望值为

$$\begin{aligned} N_B &= \sum_{i=1}^{6} P(B_i) N_G \\ &= 2(R_I)^{M_I}(R_P)^{M_P}(R_B)^{M_B}[1 + (R_P)^{M_P} + (R_I)^{M_I}(R_P)^{M_P}]N_G \end{aligned} \tag{4-9}$$

当一个视频段传输时，与视频段本身相关的参数，如被分割成的帧组数量 N_G，视频帧平均被分割成的数据包数量 M_I、M_P、M_B 等，都是已知的，因此该视频段的可解帧比例（或帧投递率）Q 可以看作以 R_I、R_P 和 R_B 为变量的函数，即

$$Q = f(R_I, R_P, R_B) \tag{4-10}$$

R_I、R_P 和 R_B 与网络状况和数据包的扩散情况相关，因此在 4.3.3 节推导其表达式，从而完成视频传输质量与数据包扩散状况之间的关系建模。

4.3.3   视频传输质量与数据包扩散关系建模

对于一个视频段 V，假定在传输过程的某一时刻 t，其在网络中总计有 $K_I(t)$ 个不同的 I 类型的视频数据包，并且每一个视频数据包都有生存时长。对于任何一个 I 类型的视频数据包 $i \in [1, K_I(t)]$，用 $T_{I,i}(t)$ 表示其已经消耗的生存时长，$M_{I,i}(T_{I,i}(t))$ 表示其已经"经历"的节点数量（不包括源节点），$N_{I,i}(T_{I,i}(t))$ 表示在时刻 t 视频数据包 i 在网络中的副本（replicas）个数（每个节点最多只能拥有一个相同数据包的副本）。此外，还用符号 $R_{I,i}(t)$ 代表该数据包剩余的生存时长，则可得

$$\begin{cases} N_{I,i}(T_{I,i}(t)) \leqslant M_{I,i}(T_{I,i}(t)) + 1 \\ T_{I,i}(t) = \text{TTL} - R_{I,i}(t) \end{cases} \tag{4-11}$$

研究人员对人们活动规律进行分析[5-7]发现，无论是在移动模型（如 Random Walk[8]、Random Waypoint、Random Direction[9]、Community Model 等）中还是在收集的人的真实移动轨迹中，移动用户的接触时间间隔（inter-contact duration）服从参数为 λ 的指数分布，而 λ 表示节点间的平均接触频率。因此，在本书的研究中，也以此作为建模的理论依据。

也正基于此，可以算出一个 I 类型的视频数据包 i 没有被投递成功的概率，也就是其下次与目的节点接触的等待时间大于该数据包剩余生存时长 $R_{I,i}(t)$ 的概率，为 $\exp(-\lambda R_{I,i}(t))$。在时刻 t 网络中存在 $N_{I,i}(T_{I,i}(t))$ 个数据包的副本，如果在时刻 t 该视频数据包尚未被成功投递，则其在生存时长超时前没有被成功投递的概率就等于其所有副本都没有被成功投递的概率，可以计算为

$$
\begin{aligned}
\Pr\{i \text{ cannot be delivered}\} &= \prod_{i=1}^{N_{I,i}(T_{I,i}(t))} \exp(-\lambda R_{I,i}(t)) \\
&= \exp(-\lambda N_{I,i}(T_{I,i}(t)) R_{I,i}(t))
\end{aligned}
\tag{4-12}
$$

在时刻 t，I 类型的视频数据包 i 被成功投递的概率可以用其已经历的节点数量进行计算，即

$$
\Pr\{i \text{ has be delivered}\} = \frac{M_{I,i}(T_{I,i}(t))}{N-1}
\tag{4-13}
$$

综合式（4-12）和式（4-13），可以得出 I 类型的视频数据包 i 在其生命时长超时前能够被成功投递的概率 $P_{I,i}$ 为

$$
\begin{aligned}
P_{I,i} = &[1 - \exp(-\lambda N_{I,i}(T_{I,i}(t)) R_{I,i}(t))] \\
&\times \left[1 - \frac{M_{I,i}(T_{I,i}(t))}{N-1}\right] + \frac{M_{I,i}(T_{I,i}(t))}{N-1}
\end{aligned}
\tag{4-14}
$$

由式（4-14）可知，在时刻 t，全网所有 I 类型的视频数据包能够被成功投递的平均概率 R_I 可以计算为

$$
R_I = \frac{1}{K_I(t)} \sum_{i=1}^{K_I(t)} P_{I,i}
\tag{4-15}
$$

用同样的方法，可以求出在时刻 t，本书所有 P 类型和 B 类型的视频数据包能够被成功投递的平均概率 R_P 和 R_B 分别为

$$\begin{cases} R_{\mathrm{P}} = \dfrac{1}{K_{\mathrm{P}}(t)} \sum_{i=1}^{K_{\mathrm{P}}(t)} P_{\mathrm{I},i} \\[3mm] R_{\mathrm{B}} = \dfrac{1}{K_{\mathrm{B}}(t)} \sum_{i=1}^{K_{\mathrm{B}}(t)} P_{\mathrm{I},i} \end{cases} \tag{4-16}$$

其中，有

$$\begin{cases} P_{\mathrm{P},i} = [1 - \exp(-\lambda N_{\mathrm{P},i}(T_{\mathrm{P},i}(t)) R_{\mathrm{P},i}(t))] \\[2mm] \qquad \times \left[1 - \dfrac{M_{\mathrm{P},i}(T_{\mathrm{P},i}(t))}{N-1} \right] + \dfrac{M_{\mathrm{P},i}(T_{\mathrm{P},i}(t))}{N-1} \\[4mm] P_{\mathrm{B},i} = [1 - \exp(-\lambda N_{\mathrm{B},i}(T_{\mathrm{B},i}(t)) R_{\mathrm{B},i}(t))] \\[2mm] \qquad \times \left[1 - \dfrac{M_{\mathrm{B},i}(T_{\mathrm{B},i}(t))}{N-1} \right] + \dfrac{M_{\mathrm{B},i}(T_{\mathrm{B},i}(t))}{N-1} \end{cases} \tag{4-17}$$

把式（4-15）和式（4-16）代入式（4-10），可以看到最终视频传输质量可以被建模成一个与视频数据包类型和视频数据包在网络中扩散状况相关的函数。接下来将基于该模型设计面向视频传输质量优化的包调度策略。

4.4　基于视频传输边缘质量增益的包调度策略设计

包调度策略的实质是对节点共享存储区中的每个视频数据包进行重要性排序，因此本节首先介绍度量视频数据包重要性的方法，然后以此为基础详细讲述包调度策略的设计。

4.4.1　视频数据包边缘质量增益计算

由视频传输质量模型可知，其不仅与网络中视频数据包的种类有关，还与不同类型的每一个视频数据包在网络的副本数量和"经历"的节点数量有关。换句话说，无论哪一个视频数据包被丢弃或者转发都会对视频的传输质量产生影响。从量化的角度来看，一个视频数据包被丢弃或者转发，意味着该视频数据包在网络中的副本数减少或者增加，必然会造成视频传输质量的变化，本节将视频传输质量的这种变化作为量化视频数据包的重要依据，引入边缘质量增益的概念。

定义 4-2（边缘质量增益）　视频段 V 在投递过程中，对于一个视频数据包 i，其在网络中副本数的单位变化引起的传输质量的增量称为该视频数据包对重建视频段 V 的边缘质量增益。

视频传输质量是一个关于不同类型的视频数据包在网络中扩散状况的函数，

每个不同的视频数据包在网络中的副本数和其经历的节点数量为变量，则可以通过偏微分方程来求出单位副本数变化所带来的传输质量变化。

具体来讲，对于任一 I 类型的视频数据包 i，对变量 $N_{I,i}(T_{I,i}(t))$ 求偏导，则有

$$\mathrm{d}Q = \frac{\partial Q}{\partial R_I} \frac{\partial R_I}{\partial N_{I,i}(T_{I,i}(t))} \mathrm{d} N_{I,i}(T_{I,i}(t)) \qquad (4\text{-}18)$$

对该偏微分方程进行离散化，即可以得到单位副本数的增加引起的视频重建质量的增量为

$$\Delta Q_{I,i} = \frac{\partial Q}{\partial R_I} \frac{\partial R_I}{\partial N_{I,i}(T_{I,i}(t))} \qquad (4\text{-}19)$$

因此，I 类型的视频数据包 i 在时刻 t 对视频段 V 的重建边缘质量增益为 $\Delta Q_{I,i}$。

同理，可以求出 P 类型的任一视频数据包 i 在时刻 t 对视频段 V 的重建边缘质量增益 $\Delta Q_{P,i}$ 为

$$\Delta Q_{P,i} = \frac{\partial Q}{\partial R_P} \frac{\partial R_P}{\partial N_{P,i}(T_{P,i}(t))} \qquad (4\text{-}20)$$

同样，也可以求出 B 类型的任一视频数据包 i 在时刻 t 对视频段 V 的重建边缘质量增益 $\Delta Q_{B,i}$ 为

$$\Delta Q_{B,i} = \frac{\partial Q}{\partial R_B} \frac{\partial R_B}{\partial N_{B,i}(T_{B,i}(t))} \qquad (4\text{-}21)$$

4.4.2 视频数据包调度策略设计

基于视频数据包的边缘质量增益，本章设计了面向视频传输质量优化的数据包调度策略 DSVM，主要包括数据包丢弃策略（图 4-2）和数据包传输策略（图 4-3）两部分。

1. 数据包丢弃策略

假设移动节点 N_a 的共享存储区最多可以容纳 L 个视频数据包，当视频数据包数量达到 L 时，如果再接收新的视频数据包，存储区将会溢出，节点 N_a 必须依据包调度策略来选择合适的数据包进行丢弃，从而保证尽可能小地降低对视频传输质量的影响。用符号 U 表示当前节点 N_a 共享存储区中的数据包集合，其中 $|U| = L$；集合中的视频数据包用 pkt_i 表示，其中 $0 \leqslant i \leqslant L-1$，用 pkt_n 代表将要到

达的视频数据包，则数据包丢弃策略如下。

步骤一：当节点 N_a 与其他节点相遇时，节点间首先交换各共享存储区中的数据包信息。

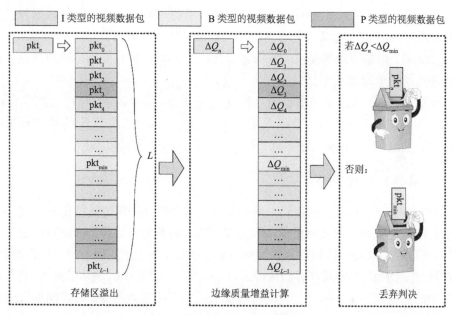

图 4-2　数据包丢弃策略流程图

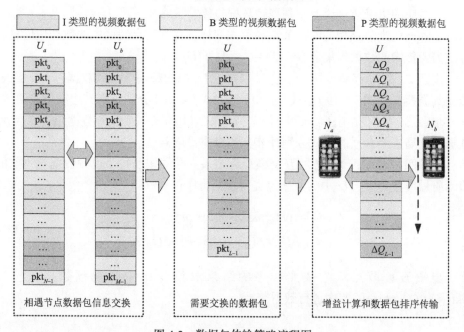

图 4-3　数据包传输策略流程图

步骤二：针对存储区中的每一视频数据包 $\text{pkt}_i \in U$ ，节点 N_a 首先根据数据包的标定来判定其类型，然后依据式（4-19）、式（4-20）或式（4-21）计算其在当前时刻的边缘质量增益 ΔQ_i 。

步骤三：节点 N_a 依据计算出来的边缘质量增益对集合 U 中的视频数据包进行排序，找出具有最小边缘质量增益 $\Delta Q_{\min}$ 的视频数据包 $\text{pkt}_{\min}$ 。

步骤四：根据节点间交换的数据包信息，节点 N_a 计算将要到达的视频数据包 pkt_n 的边缘质量增益 ΔQ_n 。

步骤五：比较边缘质量增益 ΔQ_n 和 $\Delta Q_{\min}$ 的大小。如果 $\Delta Q_n \leqslant \Delta Q_{\min}$ ，则集合 U 中的视频数据包保持不变，节点 N_a 拒绝接收 pkt_n ；反之，则节点 N_a 将把视频数据包 $\text{pkt}_{\min}$ 从其共享存储区中丢弃，同时接收新的视频数据包 pkt_n 。

2. 数据包传输策略

当节点 N_a 和节点 N_b 相遇时，由于节点的移动性和受限的数据传输带宽，并非所有的数据经过一次接触就能全部完成交换，必须对需要传输的视频数据包进行优先级排序，从而保证相对重要且网络中副本数少的视频数据包得到优先传输。用符号 U_a 表示节点 N_a 共享存储区中的数据包集合，用符号 U_b 表示节点 N_b 共享存储区中的数据包集合；同时，还用符号 U 表示需要在节点 N_a 和 N_b 之间进行交换的视频数据包集合，用 pkt_i 表示集合 U 中的视频数据包，其中 $0 \leqslant i \leqslant |U|$ ，用 ΔQ_i 表示其对应的边缘质量增益，则视频数据包传输策略如下。

步骤一：当节点相遇时，节点间首先交换各自共享存储区中的数据包信息，确定需要传输的数据包集合 $U = U_a + U_b - U_a \bigcap U_b$ 。

步骤二：针对存储区属于集合 $U_a - U_a \bigcap U_b$ 中的每一个视频数据包，节点 N_a 依据其类型选择式（4-19）、式（4-20）或者式（4-21）分别计算其边缘质量增益。

步骤三：针对存储区属于集合 $U_b - U_a \bigcap U_b$ 中的某一个视频数据包，节点 N_b 依据其类型选择合适的公式分别计算其边缘质量增益。

步骤四：节点 N_a 和 N_b 相互交换计算结果，共同按照每个视频数据包当前的边缘质量增益对集合 U 中的数据包进行重新排序：

$$U = \{\text{pkt}_0, \text{pkt}_1, \text{pkt}_2, \cdots, \text{pkt}_{|U|}\}$$
$$\text{s.t. } \Delta Q_0 \geqslant \Delta Q_1 \geqslant \Delta Q_2 \geqslant \cdots \geqslant \Delta Q_{|U|} \tag{4-22}$$

步骤五：节点双方按照排序的结果对集合 U 中的视频数据包按照 $\text{pkt}_0, \text{pkt}_1, \cdots, \text{pkt}_{|U|}$ 的顺序进行数据交换。

4.4.3　分布式包调度策略

在利用式（4-19）、式（4-20）和式（4-21）对每个视频数据包的边缘质量增益进行计算时，每个节点需要知道任意数据包在全网扩散的信息，如在当前时刻其副本数的多少和截至当前时刻其经历的移动节点数量等。在上述所有的推导过程中，假定这些信息是已知的。但是，机会网络是一个完全自组织的网络形态，没有任何一个节点能够实时准确地掌握上述信息，因此如何让网络中的移动节点能够各自独立地对上述数据包的扩散信息进行高效收集和准确估计是调度策略得以实施的关键。

文献[4]提出了用学习的方法来对视频数据包的扩散信息进行收集。基于该方法，本章提出了分布式包调度策略 D-DSVM 来对视频的传输质量进行优化。具体来讲，每个节点都建立并维护一个列表，列表中的每一个条目对应一个曾经与其接触过的移动节点，而每一个条目则记录该移动节点当时共享存储区中的视频数据包状态。节点间通过在相遇时对这些列表信息的共享来收集每个数据包在网络中的扩散状况。但是，网络的间歇连通性使得节点对上述信息的收集存在很大时延，并导致收集到的数据无法准确描述数据包调度时刻网络中的视频数据包扩散状态。为了解决该问题，在数据收集的基础上又加入了学习过程，从而实现对数据包副本数的精确预测。与简单的数据收集不同，不再拘泥于简单地统计某一个具体视频数据包的副本数和经历的节点数量，如 I 类型的视频数据包 i 的 $N_{L,i}(T_{L,i}(t))$ 和 $M_{L,i}(T_{L,i}(t))$；反之，研究视频数据包经过时间 $T_{L,i}$ 后在网络中的平均扩散状态。换句话说，为了更加精确地预测该 I 类型的视频数据包 i 在当前时刻的扩散状态，首先学习过去所有 I 类型的视频数据包经过时间 $T_{L,i}$ 后的扩散状态信息，然后分别对其 $N_{L,i}(T_{L,i}(t))$ 和 $M_{L,i}(T_{L,i}(t))$ 求平均值作为当前 I 类型的视频数据包 i 的副本数和经历的节点数量。这样，每个节点都可以独立在线学习，并能够相对精确地估计出每个数据包在网络中的状态信息，从而完成数据包边缘质量增益的计算，为包调度策略提供依据。

4.5　实验与分析

首先对仿真环境进行介绍，然后分别基于人工合成的移动轨迹和真实的移动轨迹对包调度策略的性能进行评估。

4.5.1　仿真环境介绍

为了对包调度策略进行评估，本章基于 NS-2[10]开发出一个机会网络的仿真环境。在该仿真环境中，每个节点利用协议 802.11b 与其他节点进行通信，并设定其通信半径为 100m。每个节点的存储区分为两个队列，其中一个队列专门存放自己产生的数据包，而另一个队列只能存放其他节点产生的数据包。前一个队列较长，能够容纳所有属于自己的数据包；而后一个队列较短，当其溢出时，节点会依据包调度策略有选择地对数据包进行丢弃。此外，利用两种类型的数据集对节点的运动情况进行模拟，一种为基于 RWP 移动模型的合成数据集，另一种是从现实生活中收集的真实的人的移动轨迹（韩国科学技术院所收集的轨迹数据集 KAIST）。

为了对视频传输进行模拟，采用标准的视频序列"foreman qcif"作为源数据。当视频在网络中传输时，每一个视频帧首先被分割成最长 1024B 的数据包。当视频传输时，每个视频数据包注入网络的顺序和时间间隔都与源视频数据严格一致。所有的视频数据包从源节点全部注入网络需要 13.3s。为了更加方便地对传输视频进行模拟，本章把工具 myEvalvid[11]集成到仿真环境中。该工具能够记录每个发送和接收的视频数据包信息，如发送和接收时间、数据包编号、数据包大小等，利用这些信息可以方便地对接收视频进行重建并进行质量评估。

尽管本章提出的包调度策略适用于机会网络中的任何路由算法，但是为了凸显其作用以便于进行对比分析，在仿真过程中特意采用对节点存储资源耗费最多的 Epidemic 算法来进行数据传输。在 Epidemic 算法中，当两个节点相遇时，首先交换各自携带的数据包信息，然后每个节点要求对方向其传送其队列中所有没有数据包的副本。在数据交换结束以后，两个节点都携带相同的视频数据包。通过这种方式，视频数据包在网络中快速扩散直至到达目的节点。

4.5.2　性能评估与比较分析

为了验证视频数据包调度策略的有效性，本章将 DSVM 和 D-DSVM 分别与当前广泛应用的一些包调度策略进行对比，同时，还与机会网络中关于存储区包调度策略的最新成果进行比较。

1. 对比策略介绍

传统的包调度策略仍然大量应用在机会网络的数据传输中，因此在实验过程中，仍然用本章所设计的调度策略与 Drop head、Drop end、Drop tail、Drop oldest 等经典策略进行对比。与此同时，还把所提算法与文献[4]中提出的专门针对机会传输场景的最优调度策略 GBD 和基于数据包全局信息未知的现实情况给出的分布式包调度策略 HBD 进行对比。但是，这些策略都是针对一般的数据传输设计的，并未考虑视频数据自身的特征，使得这些策略用于对视频数据包进行调度时，视频的传输质量无法达到最优。大量的实验结果也证实了这一点，如图 4-4 所示，尽管针对一般数据设计的调度策略投递率较高，但是视频传输质量未必高。

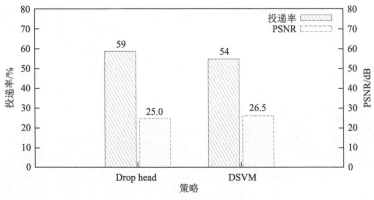

图 4-4　视频传输质量对比图

2. 基于人工数据集的实验结果及对比分析

基于随机路点模型的合成数据集由 60 个随机移动的节点组成,节点的活动范围为 1000m×1000m 的区域。在该模型中,每个节点的最大移动速度设为 10m/s,到达任一点后的等待时间是 0s。此外,每个节点最多能够携带的其他移动节点产生的数据包为 128 个。所有视频数据包具有相同的 TTL,有效仿真时间为 TTL+ST,其中 ST=13.3s,表示视频数据从源节点注入网络需要的时长。

图 4-5 给出了 TTL 取不同值时,DSVM 和其他几种策略的性能对比,其中图 4-5(a)给出了可解帧比例的性能比较,图 4-5(b)给出了重建视频质量 PSNR 的仿真结果。从实验结果可以看到,当数据包生存时长设定为 100s 时,所有策略的性能基本一致。这是由于视频数据包刚刚注入网络,很少有移动节点的存储队列溢出,包调度策略尚未充分发挥作用。但是,随着数据包生存时长的增加,各种策略间的性能差异变得越来越明显,而且本章提出的基于视频的优化策略 DSVM 的性能最优,采用该策略的视频传输质量要远远优于次优的 GBD 策略,其传输质量的差异最高可以达到 3dB。同样的性能差异也可以在图 4-6 中得到更加明显的呈现,其中图 4-6(a)来自原始视频,图 4-6(b)来自采用 DSVM 策略重建的视频,图 4-6(c)来自采用 GBD 策略重建的视频。

3. 基于真实数据集的实验结果及对比分析

在真实数据集 KAIST 中总计有 92 个移动节点,活动的范围大概是 1000m×1000m,整个数据集的持续时间是 14400s。在仿真过程中,仍然选择不同的数据包生存时长来对各种策略的性能进行对比;同时,为了观察存储容量对各种包调度策略性能的影响,改变节点存放其他节点产生的数据包的队列长度。实验结果如图 4-7 和图 4-8 所示。从这两幅图与图 4-5 的对比可以看到,无论是基于随机生成数据集还是来自真实生活的移动数据集,各种策略都具有类似趋向的性

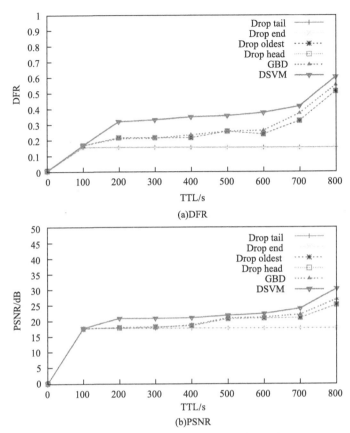

(a)DFR

(b)PSNR

图 4-5　基于随机移动模型的不同调度策略性能对比

(a)原始视频　　　　　　(b)DSVM　　　　　　(c)GBD

图 4-6　真实重建视频质量对比图

能曲线。具体来讲，Drop tail 和 Drop end 几乎具有相同的性能表现，这是由于当队列充满时，Drop tail 不再接收新的数据包，而 Drop end 仅删除最后进入队列的视频数据包，也就是说这两种策略对队列内的数据包影响很小，因此具有近乎一致但最差的视频投递性能。与 Drop tail 和 Drop end 相似，Drop head 与 Drop oldest 也具有相近的性能表现，这是因为源视频数据从源节点注入网络的时间非常短，所以最先进入队列的数据包在很大程度上就是最旧的数据包。由于优先传输的数据包和优先丢弃的数据包几乎一致，所以这两种包调度策略呈现出的传输性能也几乎一致。此外，GBD 策略也采用目标函数对每个数据包的效用值进行了度量，可以看到其性能优于其他传统调度策略。但是，从图 4-7 和图 4-8 仍然可以看出，GBD

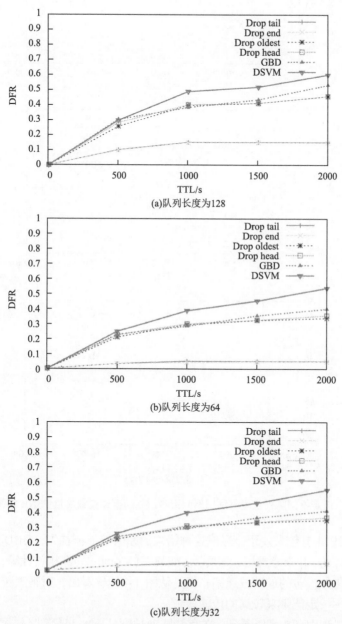

(a)队列长度为128

(b)队列长度为64

(c)队列长度为32

图 4-7   设定不同队列长度时不同策略的可解帧比例仿真结果对比

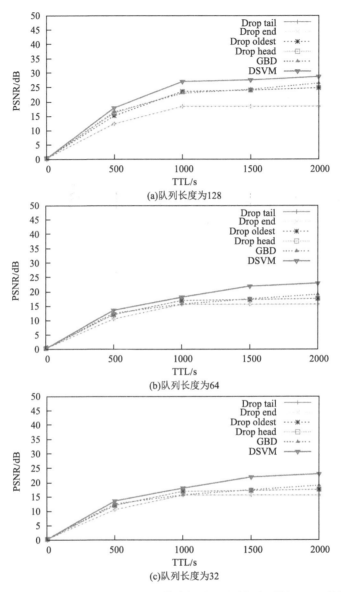

图 4-8　设定不同队列长度时利用不同策略得到的重建视频质量 PSNR 结果对比

的性能和 DSVM 有较大差距。造成这种结果的原因如下：首先，GBD 是为一般数据传输而设计的，并未考虑视频的特点，如数据包之间的局部相关性等；其次，GBD主要用来优化数据包的成功投递率，但是从图 4-4 能够看出，对视频传输来说，高的投递率并不一定能带来较高的传输质量。

从图 4-7 和图 4-8 可以看到，在存储队列长度从 128 变化到 64，再从 64 变化到 32 的过程中，采用调度策略 DSVM 的视频传输质量虽然有降低，但是没有像其他调度策略一样发生很大的变化。这是由于在存储队列长度缩短以后，其很容易被充满。当采用 DSVM 时，其会对队列中的视频数据包反复进行刷新，强化了包调度策略的作用，再加上 DSVM 每次都会挑选边缘质量增益最小的视频数据包进行丢弃，而其他策略则无此功能。因此，随着存储队列长度的缩短，其他策略和 DSVM 的性能差距越来越明显。

此外，本章还基于真实的数据集对分布式调度策略 D-DSVM 进行验证，并与 GBD 的分布式变种 HBD 进行比较，实验结果如图 4-9 所示。从该图可以看到，由于对数据包全局信息的估算与真实状态存在一定的偏差，D-DSVM 和 DSVM 之间也存在轻微的性能差异。但是，仍然可以看到，利用策略 D-DSVM 的视频传输质量要优于策略 HBD。

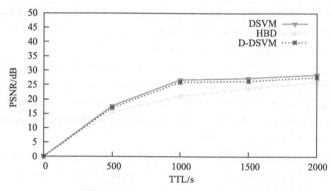

图 4-9　分布式调度策略 DSVM、HBD 和 D-DSVM 的性能比较

4.6　本章小结

本章针对机会网络中节点存储资源的有限性和数据传输的受限性与视频数据传输对大规模资源需求之间的矛盾，设计了面向视频传输质量优化的视频数据包调度策略。该策略首先研究了视频数据包的局部相关性以及视频数据包在全网的扩散状态对重建视频质量的影响，并建立了其间的定量关系模型；然后基于该模型，量化了每个视频数据包对视频重建质量的贡献；最后依据量化的视频质量增益对视频数据包的传输和丢弃进行了调度。该调度策略能够使得节点在存储区溢出时丢弃对视频重建质量贡献最小的数据包，而在有传输机会时，能够使得对视频重建质量贡献最大的视频数据包得到优先传输，因此该策略实现了对视频传输质量的优化。大量的仿真结果也验证了该策略的有效性。

参 考 文 献

[1] Lindgren A, Phanse K S. Evaluation of queueing policies and forwarding strategies for routing in intermittently connected networks//2006 1st International Conference on Communication Systems Software & Middleware, New Delhi, 2006: 1-10.

[2] Lo S C, Chiang M H, Liou J H, et al. Routing and buffering strategies in delay-tolerant networks: survey and evaluation//2011 40th International Conference on Parallel Processing Workshops, Taipei, 2011: 91-100.

[3] Balasubramanian A, Levine B, Venkataramani A. DTN routing as a resource allocation problem// Proceedings of the 2007 Conference on Applications, Technologies, Architectures, and Protocols for Computer Communications, Kyoto, 2007: 373-384.

[4] Krifa A, Barakat C, Spyropoulos T. Optimal buffer management policies for delay tolerant networks// 2008 5th Annual IEEE Communications Society Conference on Sensor, Mesh and Ad Hoc Communications and Networks, San Francisco, 2008: 260-268.

[5] Chaintreau A, Hui P, Crowcroft J, et al. Impact of human mobility on opportunistic forwarding algorithms. IEEE Transactions on Mobile Computing, 2007, 6(6): 606-620.

[6] Gao W, Li Q H, Zhao B, et al. Multicasting in delay tolerant networks: a social network perspective// Proceedings of the 10th ACM International Symposium on Mobile Ad Hoc Networking and Computing, New Orleans, 2009: 299-308.

[7] Conan V, Leguay J, Friedman T. Characterizing pairwise inter-contact patterns in delay tolerant networks//Proceedings of the 1st International Conference on Autonomic Computing and Communication Systems, Rome, 2007: 28-30.

[8] Aldous D J, Fill J. Reversible Markov chains and random walks on graphs. Journal of Theoretical Probability, 1999, 2(1): 91-100.

[9] Spyropoulos T, Psounis K, Raghavendra C S. Performance analysis of mobility-assisted routing// Proceedings of the 7th ACM International Symposium on Mobile Ad Hoc Networking and Computing, Florence, 2006: 49-60.

[10] Information Sciences Institute. The network simulator NS-2. http://www.isi.edu/nsnam/ns/[2020-8-22].

[11] Yu C Y, Ke C H, Shieh C K, et al. MyEvalvid-NT-A simulation tool-set for video transmission and quality evaluation//TENCON 2006-2006 IEEE Region 10 Conference, Hong Kong, 2006: 1-4.

第 5 章　静态节点辅助的缓存接力视频路由算法

5.1　引　　言

实时视频流（live video streaming，LVS）传输需要网络能够维持稳定的端到端路径和较高且相对恒定的数据传输速率来为播放质量提供保障。而在机会网络中，节点的自组织性、网络拓扑的时变性、网络连通的间歇性等特点使得其无法为实时视频流提供理想的传输环境。为了解决视频流传输对网络环境的要求和机会网络松散的网络特征之间的矛盾，本章基于城市环境这一典型的机会网络应用场景对路由算法展开研究。

在城市环境中，很多场景（如车祸、火灾等）需要向行驶中的目标车辆（救护车、消防车等）投放视频流，以便于救援人员提前做好各种预案。为了保证视频流的传输质量，本章提出将具有无线通信和大容量存储功能的交通监控设备作为静态缓存节点，以辅助视频数据传输。然后，在视频质量约束的情况下，为每一个单位视频段选择最优的静态节点进行缓存，从而保证视频的传输时延最短。此外，为了进一步提高视频流的播放质量，对目的节点缓存中的视频数据进行监控，从而采用多静态节点接力的方式来保障视频流播放的流畅性。

5.2　相关工作介绍

如何利用城市中泛在的车载设备来提供服务一直是学术界和工业界都非常关注的问题，也有大量的工作对该问题进行了研究，这些工作可以分为两类。第一类工作主要关注如何利用车辆的参与性提供相关的应用，例如，文献[1]提出的SignalGuru 主要用来帮助车辆对信号灯的状态进行预知，文献[2]、[3]提出的CarSafe、CrowdAtlas 等通过车辆的参与完成特定的应用。第二类工作则主要关注如何利用车载设备进行数据传输，以有效支撑各种各样的应用和服务。本书主要探讨视频数据的机会传输，所以仅关注第二类工作的研究状况。

关于车联网中的数据传输，已经存在大量的研究工作。依据是否使用静态节点进行辅助，该类工作也可以分为两大类。不依赖城市中的基础设施而基于车载设备进行高效的数据传输是最为理想的工作方式，同时也是很多研究者追求的目标，大量的研究工作都属于该类型。文献[4]利用城市中的路段信息和消息头机制提出了 MDDV 算法，不依赖任何静态设施完成从源节点到目的节点最优传输路径的选择。文献[5]则将车载导航设备作为辅助进行数据传输，能够在每个交叉路口进行最优路径决策。文献[6]则探讨了如何在给定时延约束的情况下尽可能少地利用无线信道进行传输，以降低信道干扰对数据传输造成的影响。此外，文献[7]～[10]所提算法都属于该类工作，有兴趣的读者可以自行查阅。但是，车载网络的频繁分割、不准确的车流量信息和转发车辆选择的随机性都使得在利用上述算法进行数据投递时存在很大的不确定性。此外，如果在交叉路口没有合适的车辆作为转发节点，需要转发的数据可能会沿着错误的路径进行投递，这极大地增加了数据的传输时延。为了解决上述问题，文献[11]提出了在每个交叉路口部署静态节点对数据进行缓存直到最优中继节点出现。文献[12]提出了 Vtube 算法，利用路边的存储设备来对内容进行订阅和缓存，以使得本地用户在进行读取时传输时延最小。文献[13]假定在每个交叉路口专门部署静态节点，提出了 TSF 算法，实现了数据传输质量和传输时延的折中。文献[14]、[15]则提出了部署可以直接访问互联网的路边单元来进行数据传输。

上述算法都是用来进行一般数据投递的，对于视频数据投递，需要考虑更多的因素，如传输时延、时延抖动、投递率、图像质量等，这些因素使基于视频的路由算法的设计较为复杂。尽管如此，也有一些工作尝试从不同的角度提高车载网络中视频数据的传输水平。例如，文献[16]从架构设计方面来研究视频流的投递。文献[17]、[18]尝试通过对 MAC 层的优化来提高视频数据的传输质量。文献[19]则研究如何通过中继节点的自适应选择和物理层技术来实现对视频流的高效广播。文献[20]采用符号级的网络编码（symbol-level network coding，SLNC）技术来提高视频的传输质量。文献[21]利用一种低复杂度可变速率的视频编码技术来保证视频机会传输的质量。尽管上述算法能够在一定程度上提高视频数据单播或者多播的传输质量，但都忽略了一个事实，即基于车载设备进行视频数据传输面临的一个最大挑战是网络的弱连接性，尤其是在车辆比较稀疏的场景中。专门部署的静态节点固然能够提高网络的连通性，从而提升视频的传输质量，但在路边部署很多专用的静态节点进行数据传输显然不太现实。因此，本章提出将交叉路口具有存储功能和无线接口的交通监控设备作为静态节点，来辅助进行视频数据传输。

5.3　系统模型及问题描述

在城市环境中，为了对车辆及交通状况进行监控，在交叉路口部署了大量的监控设备,如图 5-1 所示。这些监控设备通常具有大容量存储功能并配置无线通信接口,以便于市政交通管理部门对监控数据进行读取。本章充分利用这些已经存在的基础设施,将其作为静态节点来辅助视频传输,提出静态节点辅助的最优缓存接力视频路由算法 CAVD。

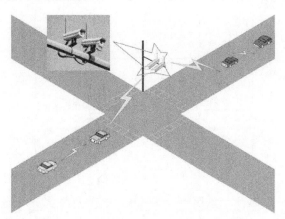

图 5-1　具备无线存储功能的交通监控设备

为了能够更加清晰地描述问题,把市区中由道路形成的网络当成一个有向图 (direction graph,DG),图中的每条边代表一个路段。在每个路段的交叉路口都会有一个小圆环,如图 5-2 所示,代表一个交通监控设备,用 C_i 表示。这些交通监控设备不仅具有无线通信接口,而且被市政交通管理部门连接起来,组成了一个有线的交通监控设备网络 (traffic camera network,TCN)。通过这些交通监控设备,市政交通管理部门可以对市区内各个路段的交通状况进行监控。在路由算法设计中,为了尽可能减轻交通监控设备网络的负担,仅通过它传送一些辅助信息,如路段的交通状况、目标车辆的位置等。此外,假定每个参与视频传输的车辆都安装有导航系统。

图 5-2 描述了一个典型的视频应用场景:在车祸发生后,最近的救护车接到指令后会依据当前的交通状况选择一条最快的路径赶往事故现场,同时该救护车还会通过 TCN 把其选择的路径信息广播出去,使经过交通监控设备的车辆都可以获知其预计的轨迹信息。在本章中,用符号 H 表示目标车辆轨迹,由多个路段组成,用一个有序的交通监控设备(静态缓存节点)序列进行表示,如图 5-2 虚线所示,则 $H = \left(C_{20}, C_{19}, C_{14}, C_{13}, C_8, C_3, C_2, C_1 \right)$。当救护车出发时,从事故现场收集到的视频流就会从附近的访问接入点 (access point,AP) 注入网络中。这些视频流主要是为救护人员提供更加翔实的事故现场信息,因此画面的质量和视频流回放的流畅性是关注的重点,而对实时性的要求相对较低。因此,在模型中假定每个视频数据都具有相对宽松的 TTL。

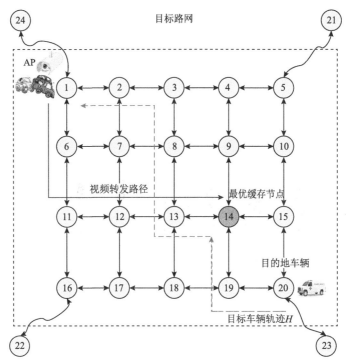

图 5-2　视频向移动目的节点传输示意图

　　基于上述网络模型和假设，本章的问题可以描述为：对于某一给定区域的道路网络和固定部署的静态节点，如何在满足一定视频流传输质量要求的前提下把视频流从一个固定位置以最小的时延投递到移动的目的节点。视频流传输质量不仅包括每个视频画面在视觉上的清晰度，还包括视频流播放时的流畅性等。这些要求带来了如下挑战。

　　（1）如何对道路交通状况信息进行动态实时的收集。

　　（2）如何在保证视频质量的前提下使得视频流的传输时延最小。

　　（3）如何最大可能地保障视频流在目的节点平滑播放。

　　CAVD 的设计过程就是针对这些问题的解决方案，下面将对其进行详细介绍。

5.4　路由算法设计

5.4.1　道路交通信息实时收集

　　道路上的车流量信息对数据传输来说非常重要，是城市环境下路由算法设计的基础。但是，如果没有基础设施的支撑，对这些数据进行实时、准确的收集是非常困难的。因此，大量前期的工作都假定每个车辆都安装有导航系统，通过导航系统来获取道路的车辆信息等[5-7,13]。但是，在城市环境中，车流量变化非常快，路由算法的性能对车流量的变化又非常敏感，而通过导航系统获取的车流量信息和实际情况有很大的滞后，因此无法很好地满足视频流传输的需求。

市政交通管理部门在交叉路口安装交通监控设备的一个主要目的就是对交通状况进行监控，因此在路由算法设计中提出充分利用这些交通监控设备来完成道路车辆信息的实时收集。具体来讲，对于任意路段 Z_i，与交通状况相关的参数（如车辆的到达率 λ_i、车辆密度 ρ_i、平均速度 v_i 等）都可以通过部署在该路段两端的交通监控设备对车流量的统计得到。每一个交通监控设备都可以周期性地计算并更新这些信息，然后打上时间戳在 TCN 中发布。这样，TCN 中所有交通监控设备都可以实时获得全网的路况信息及每个路段的关键参数。当经过交叉路口时，车辆也会获得这些信息。与其他手段相比，这种方式获取的路况信息更准确，实时性更高，不仅可以用来进行路由算法设计，而且可以给公众提供各种与路况相关的服务。

5.4.2　自适应最优缓存节点选择

当视频流被注入网络时，首先会被分割成很多相同时间长度的片段，称为单位视频段。对于每一个单位视频段，需要在目的节点的移动轨迹上为其选择一个监控设备作为最佳静态缓存节点。该静态缓存节点能够在满足视频质量的前提下保证该单元视频段以最小的传输时延与目的节点"相遇"。本节把这些被挑选出来存放视频段的监控设备称为最优缓存节点（optimal buffering point，OBP），具体的选择过程如下。

假设一个单位视频段 s 在某一时刻被注入网络，其首先会被投递到一个静态缓存节点 C_i；与此同时，目的节点开始从静态节点 C_0 的位置出发并沿着轨迹 H 移动。用符号 M_i 表示单位视频段 s 从源节点到静态缓存节点 C_i 的传输时延，T_i 表示目的节点从静态节点 C_0 的位置移动到 C_i 需要花费的时间。那么，如果静态缓存节点 C_i 是单位视频段 s 的最优缓存节点，则必须满足如下条件（表 5-1 给出了最优缓存接力视频路由算法设计中用到的主要符号及其意义）：

$$\begin{cases} C_i \in H \\ Q(i) \geqslant a \\ M_i \leqslant T_i \\ C_i^* \leftarrow \arg\min E[T_i] \end{cases} \quad (5\text{-}1)$$

其中，a 表示对视频可解帧比例的需求门限值（对视频质量的详细建模过程请参看 2.2 节）；C_i^* 表示使平均移动时间最短的节点。

表 5-1　最优缓存接力视频路由算法设计中用到的主要符号及其意义

符号	意义
C_i	网络的监控设备（静态缓存节点）
H	目标节点选定的移动轨迹
Z_i	网络中的任一路段
s	网络中传输的任一单位视频段
$Q(i)$	单位视频段 s 被投递到静态缓存节点 C_i 要求满足的可解帧比例
M_i	单位视频段 s 被投递到静态缓存节点 C_i 的传输时延
T_i	目的节点从静态节点 C_0 的位置移动到 C_i 需要花费的时间
M_{I_i}、M_{P_i}、M_{B_i}	单位视频段中的一个 I、P 和 B 类型数据包从源节点投递到 C_i 需要的传输时延
γ_i	数据包沿路段 Z_i 的传输时延
v_i	路段 Z_i 上车辆的平均速度

依据可解帧比例的定义，很容易找到一个门限三元组 (β, δ, φ) 使得上述公式中对视频质量的传输要求 $Q(i) \geqslant a$ 转化为以下不等式：

$$\begin{cases} P(M_{I\_i} \leqslant T_i) \geqslant \beta \\ P(M_{B\_i} \leqslant T_i) \geqslant \delta \\ P(M_{P\_i} \leqslant T_i) \geqslant \varphi \end{cases} \quad (5\text{-}2)$$

其中，M_{I_i}、M_{B_i} 和 M_{P_i} 分别表示 s 中的一个 I、B 和 P 类型的视频数据包从源节点投递到静态缓存节点 C_i 需要传输时延；而 $P(M_{I\_i} \leqslant T_i)$ 表示数据包先于目的节点到达静态缓存节点 C_i 的概率。

由于市区道路网络中的车辆服从泊松到达模型，依据文献[22]、[23]，数据包投递到静态缓存节点 C_i 的时延 M_i 和目的节点移动到 C_i 需要花费的时间 T_i 都服从伽马（Gamma）分布，即分别可以描述为 $M_i \sim \Gamma(\kappa_{m_i}, \theta_{m_i})$ 和 $T_i \sim \Gamma(\kappa_{t_i}, \theta_{t_i})$。考虑到上述两个分布之间的相互独立性，I 类型的视频数据包能够先于目的节点到达静态缓存节点 C_i 的概率表示为

$$P(M_{I\_i} \leqslant T_i) = \int_0^{TTL} \int_0^{T_i} f(M_{I\_i}) g(T_i) \mathrm{d}M_{I\_i} \mathrm{d}T_i \quad (5\text{-}3)$$

其中，$f(M_{I\_i})$ 表示 I 类型的视频数据包传输时延 M_{I_i} 的概率密度函数；$g(T_i)$ 表

示目标车辆运动时延 T_i 的概率密度函数。

同样，B 类型、P 类型的视频数据包能够先于目的节点到达静态缓存节点 C_i 的概率可以分别表示为

$$P(M_{B\_i} \le T_i) = \int_0^{TTL} \int_0^{T_i} f(M_{B\_i}) g(T_i) dM_{B\_i} dT_i \tag{5-4}$$

$$P(M_{P\_i} \le T_i) = \int_0^{TTL} \int_0^{T_i} f(M_{P\_i}) g(T_i) dM_{P\_i} dT_i \tag{5-5}$$

其中，$f(M_{B\_i})$ 和 $f(M_{P\_i})$ 分别表示 B 类型、P 类型的视频数据包的传输时延 M_{B_i}、M_{P_i} 的概率密度函数。

为了对上述公式进行求解，必须给出概率密度函数 $f(M_{I\_i})$、$f(M_{B\_i})$、$f(M_{P\_i})$ 和 $g(T_i)$ 的具体表达式。这些时延变量都服从伽马分布，因此仅需要分别计算出其期望和方差即可。数据包的传输时延以及车辆的移动时延在各个路段上是相互独立的，因此可以先求出各个数据包在各个路段传输时延的期望和方差。数据包采用存储-携带-转发的模式进行传输，数据包的携带时间几乎等于全部传输时延，因此利用文献[7]给出的路段链路时延模型得出任意路段 Z_i 传输时延 γ_i 的期望和方差为

$$E[\gamma_i] = \frac{l_i - R - E[l_f]}{v_i} \eta + \left(\frac{1}{\lambda_i} + \frac{l_i - R}{v_i} \right)(1 - \eta) \tag{5-6}$$

$$\text{Var}[\gamma_i] = \frac{(1-R)^2 - 2(l_i - R)E[l_f] + E[l_f^2]}{v_i^2} \eta + \left(\frac{1}{\lambda_i} + \frac{l_i - R}{v_i} \right)^2 (1 - \eta) - (E[\gamma_i])^2 \tag{5-7}$$

其中，$\eta = 1 - e^{-\frac{\lambda_i R}{v_i}}$；参数 l_i、v_i、λ_i 分别代表该路段的长度、车辆平均速度和车辆到达率；l_f 代表数据包在该路段上通过无线链路传输的距离；R 代表节点的传输半径。这样，通过实时收集到的路段车流量参数就可以计算出视频数据包在任意路段上传输时延的期望和方差。在任意路段上，传输时延服从伽马分布，即 $E[\gamma_i] = k_i \theta_i$ 和 $\text{Var}[\gamma_i] = k_i \theta_i^2$（$\gamma_i, k_i, \theta_i > 0$）。据此可以计算出 k_i 和 θ_i 的值，并给出数据包沿着任意路段 Z_i 传输时传输时延的概率密度函数的具体表达式。数据包的投递是沿着不同的路径进行的，每条路径由很多路段组成，而数据包在不同路段的投递是相互独立的，因此可以计算出数据包从 AP 投递到静态缓存节点 C_i 端到端时延的期望和方差。数据包沿整条路径的端到端时延也服从伽马分布，而每一类数据包根据不同的投递要求可以沿不同的路径进行投递，因此可以给出每一类数

据包时延的概率密度函数的表达式 $f(M_{I\_i})$、$f(M_{B\_i})$、$f(M_{P\_i})$。同理，利用收集到的每个路段的车辆平均速度，也可以给出目标车辆运动时延的概率密度函数 $g(T_i)$。

至此，当单位视频段 s 开始被注入网络时，源节点会依据式（5-1）～式（5-5）为其选择最优的静态缓存节点 C_i，从而使得在保证视频质量的情况下传输时延最小。为了能够更加清晰地对 OBP 自适应选择算法进行描述，算法 5-1 给出了具体流程。

算法 5-1：OBP 自适应选择算法

Input: 目标车辆从其当前位置到源节点的路线 $H = (C_1, C_2, \cdots, C_n)$；

           视频质量要求 α；单位视频段 s；

Output: 单位视频段 s 的 OBP 静态缓存节点 C_i^*；

1:     $C_i^* = C_1$；

2:     **for** $k = 1; k++; k \leqslant n$ **do**

3:         计算从目的节点当前位置到静态缓存节点 C_k 的期望时延 T_{C_k}；

4:         为单位视频段 s 选择到达静态缓存节点 C_k 的期望时延最小路径；

5:         计算单位视频段 s 的期望传输时延 M_{C_k}；

6:         if $(Q(C_k) \geqslant \alpha)$ and $(M_{C_k} \leqslant T_{C_k})$ and $(T_{C_k} < T_{C_i^*})$ **then**

7:             $C_i^* = C_k$；

8:         **end**

9:     **end**

10:    return C_i^*；

5.4.3 智能视频接力中继

尽管上述最优静态缓存节点在理论上能够保证视频数据段在满足视频质量要求的前提下以最小的时延投递到目的节点，但是仍然可能会出现如图 5-3（a）所示的状况：从静态缓存节点 C_{14} 到 C_{13} 之间的距离 l_{14} 太长，以至于从 C_{14} 收集完数据以后其缓存的视频量仍然不足以持续播放到下一个最优静态缓存节点 C_{13}，因此播放中断。为了提高视频播放的流畅性，本节设计了智能视频接力中继策略。当目标车辆经过任意静态缓存节点时，都会通过 TCN 向其他节点广播当前位置、视频数据剩余缓存等信息，称为控制信息（control information）。目的节点运动轨迹上缓存节点收到这些信息以后，会结合实时的车流状况进行联动。具体来说，假定目标车辆从静态缓存节点 C_{14} 收集完数据以后其总共缓存的视频数据包个数为 Vol_r，当前在 C_{14} 和 C_{13} 之间的车辆平均速度为 v_{14}。此外，假定为了保证要求的视频播放质量需要的视频包速率为 r，则目的节点中的缓存量可以维持的播放时长 $T_{\mathrm{d}} = \mathrm{Vol}_r / r$；而目的节点从 C_{14} 到 C_{13} 的平均时间 T_{14} 可以计算为 $T_{14} = l_{14}/v_{14}$。如果 $T_{\mathrm{d}} > T_{14}$，则静态缓存节点 C_{13} 不需要有任何动作，只需要等着目的节点来收集数据即可；反之，静态缓存节点 C_{13} 会通过反向移动的车辆提前向目标车辆投递数据，如图 5-3（b）所示。相应地，C_{13} 下游的静态缓存节点如果在其存储区中已经有视频流的缓存，也会向其紧邻的上一个最优静态缓存节点进行数据补充。这样，通过最优静态缓存节点间的协作和联动最大限度地保证了目标节点在移动过程中能够采集到足够多的数据作为缓存，从而提高了视频流播放的流畅性。

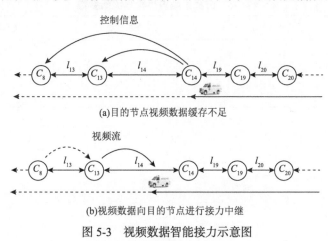

(a)目的节点视频数据缓存不足

(b)视频数据向目的节点进行接力中继

图 5-3　视频数据智能接力示意图

5.5　实验与分析

5.5.1　仿真环境介绍

为了对本章提出的静态缓存节点辅助的最优缓存接力路由算法进行性能评估，仍然采用 4.5.1 节中介绍的仿真环境，节点间仍然采用默认的 802.11b 进行通信，每个节点的通信半径为 250m。仿真区域选自北京市区的一个 3000m×4000m 的矩形区域。图 5-4 给出了该区域真实的道路状况，可以看到总计包括 23 个路段和 16 个交叉路口。

考虑到目前车载无线设备的普及率较低，所有的车辆都能参与视频流传输尚不现实，因此本章仅将微软亚洲研究院收集的出租车的移动轨迹[24]作为仿真的数据集。该数据集总计包括 10000 多辆出租车一周时间的轨迹数据，活动范围覆盖整个北京市区。在实验中仅抽取其中一天的轨迹数据，同时，为了观察不同车流量状况对视频流投递性能的影响，分别抽取 4:00～6:00、11:00～13:00、18:00～20:00 三个典型时间段的轨迹数据进行仿真。本节利用特定区域的公路网络进行仿真，因此仅选取在仿真时间段出现在该区域的出租车作为移动节点。此外，车辆轨迹的 GPS 信息存在误差且位置记录周期较大，因此对该区域的轨迹数据做了修正、插值等预处理。同时，为了模拟交通监控设备，在数据集中加入了静态节点。表 5-2 给出了三个典型时间段在仿真区域内出租车流量的基本参数。目标车辆从 A 点出发开始仿真，到达 B 点时仿真结束，因此仿真持续时间等于车辆从 A 点运动到 B 点的时间。

表 5-2　仿真区域内出租车流量参数

统计时间段	车辆平均密度/(辆/km)	平均速度/(m/s)	平均仿真持续时间/s
4:00～6:00	0.21	15.56	404
11:00～13:00	0.69	10.68	589
18:00～20:00	1.04	6.68	942

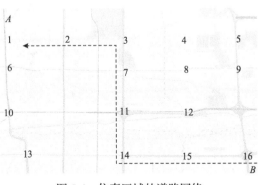

图 5-4　仿真区域的道路网络

5.5.2　仿真结果对比分析

为了验证本章提出的最优缓存接力视频路由算法 CAVD 的有效性，首先简单介绍一些相近的工作，然后基于北京市的出租车数据集对其性能进行对比分析。

1. 对比协议介绍

前边已经提到，目前已经存在一些针对视频流在车联网中传输的研究工作。与本章工作最为接近的应该是文献[16]提出的 V3 架构，其也在探索如何把视频流从一个固定的位置投递到运动车辆上。另外一个较为接近的工作是文献[13]提出的 TSF 数据传输协议，但是该协议仅用来投递一般数据包而没有考虑对视频流的传输。

2. 仿真结果对比分析

如图 5-4 所示，在仿真中，视频流在位置 A 被注入网络，与此同时目标车辆从位置 B 出发沿着其选定的最优路径（途中带箭头虚线）向 A 运动。本章主要基于视频流的启动时延、播放流畅性、画面清晰度三个方面将 CAVD 与 V3、TSF 进行对比。

1）启动时延

目的节点从出发到开始收到视频流数据的时间为启动时延（start-up delay，SUD），图 5-5 给出了在不同时间段下三种策略的启动时延对比。从整体来看，随着仿真时间段的变化（从 4:00～6:00 到 11:00～13:00 再到 18:00～20:00）三种策略的启动时延相应减小。这是由于随着上述时间段的变化，车辆的密度随之增大，各个路段的连通性得到了很大改善。具体到每一个时间段，可以看到在 4:00～6:00 时间段，V3 的启动时延要大于 TSF 和 CAVD，这是由于后两种策略都采用了静态节点进行辅助，弥补了网络的不连通性；但是随着车辆密度的增大，网络连通性得到改善，静态节点的作用被削弱，可以看到在后两个时间段，V3 的启动时延要小于 CAVD。另外，在三个时间段中，TSF 的启动时延都要小于 CAVD，这是由于前者主要是为一般数据传输而设计的，其初衷是尽量减小传输时延，而后者在减小传输时延的同时还要保证视频质量。

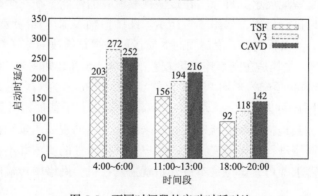

图 5-5　不同时间段的启动时延对比

2）平均播放中断次数

为了衡量采用三种策略投递的视频流的播放流畅性，对其平均播放中断次数进行对比分析。图 5-6 分别给出了在三个不同时间段的仿真结果。从图中可以很明显看到，随着从早到晚时间的变化，三种策略投递的视频流的平均播放中断次数都在减少，这就说明车流量密度的变化对视频流的传输质量有很大的影响。具体到每一个时间段，可以看到 V3 的平均播放中断次数要多于其他两种策略，这主要是由于 V3 没有采用静态节点对视频流数据进行缓存。另外一个明显的现象就是无论在哪个时间段 CAVD 的平均播放中断次数都远小于 TSF，尽管后者也采用了静态节点对数据进行缓存。原因解释如下：首先，CAVD 在选择最优静态节点时除了考虑时间因素外，还会考虑视频质量要求等因素，而 TSF 仅考虑时间因素；其次，在 CAVD 中，采用静态节点的智能中继机制对视频播放质量进行了优化，而 TSF 则没有。由此可以看到，CAVD 投递的视频流具有更好的播放流畅性。

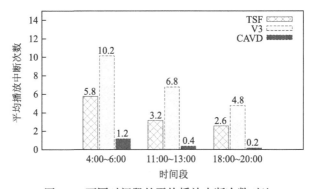

图 5-6　不同时间段的平均播放中断次数对比

3）视频流的 PSNR

为了更加直观地展示三种策略在传输视频流时的性能，在三个时间段分别挑选一组实验结果进行对比，如图 5-7 所示。图中横轴表示仿真持续时间，而纵轴表示视频质量。可以看到，无论是画面的质量还是视频播放的流畅性上 CAVD 都优于 TSF 和 V3。尤其是在网络连通度较差的 4:00～6:00，如图 5-7（a）所示，采用 CAVD 投递的视频流的平均 PSNR 仍然能够达到 30dB 左右。另外，从这三个时间段的对比图还可以看出，CAVD 的启动时延要大于其他两种策略。这说明 CAVD 其实是适当地牺牲视频流的实时性来换取较高的视频质量和播放流畅性。对于利用机会网络进行传输的视频流，用户对其实时性的要求并不会非常严苛，只要满足应用需求即可，这也是本章开始就强调在机会网络中传输的是弱实时视频流的原因。

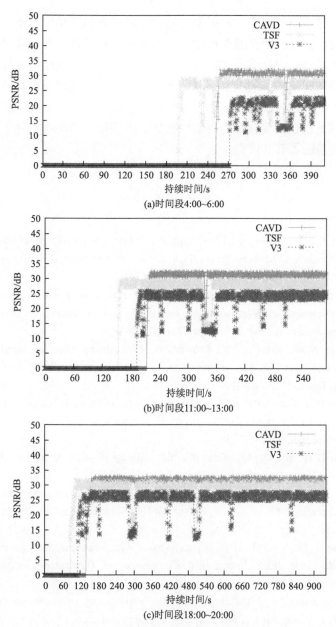

图 5-7　不同时间段的视频流 PSNR 对比

5.6　本章小结

为了提高城市环境中的视频流传输质量，本章针对目的节点为移动状态的应用场景提出了静态节点辅助的视频机会路由算法。在该算法中，将具有无线通信接口和大容量存储功能的交通监控设备作为静态缓存节点，然后通过为每一段视频流选择最优的静态缓存节点进行缓存，使得其在满足视频质量的前提下以最小的时延被投递到移动的车辆上。同时，为了进一步改善视频流在目的节点上播放的流畅性，本章还设计了基于静态节点协作的视频数据中继接力机制。所提算法能够很好地满足视频投递目标为移动状态的大量城市应用场景，基于真实数据集的仿真结果也验证了其有效性。

参 考 文 献

[1] Koukoumidis E, Peh L S, Martonosi M R. SignalGuru: leveraging mobile phones for collaborative traffic signal schedule advisory//Proceedings of the 9th International Conference on Mobile Systems, Applications, and Services, Bethesda, 2011: 353-354.

[2] You C W, Lane N D, Chen F L, et al. CarSafe App: alerting drowsy and distracted drivers using dual cameras on smartphones//Proceeding of the 11th Annual International Conference on Mobile Systems, Applications, and Services, Taipei, 2013: 13-26.

[3] Wang Y, Liu X M, Wei H, et al. CrowdAtlas: self-updating maps for cloud and personal use//Proceeding of the 11th Annual International Conference on Mobile Systems, Applications, and Services, Taipei, 2013: 469-470.

[4] Wu H, Fujimoto R, Guensler R, et al. MDDV: a mobility-centric data dissemination algorithm for vehicular networks//Proceedings of the 1st ACM International Workshop on Vehicular Ad Hoc Networks, Philadelphia, 2004: 47-56.

[5] Zhao J, Cao G H. VADD: vehicle-assisted data delivery in vehicular ad hoc networks. IEEE Transactions on Vehicular Technology, 2008, 57(3): 1910-1922.

[6] Skordylis A, Trigoni N. Delay-bounded routing in vehicular ad hoc networks//Proceedings of the 9th ACM International Symposium on Mobile Ad Hoc Networking and Computing, Hong Kong, 2008: 341-350.

[7] Jeong J, Guo S, Gu Y, et al. TBD: trajectory-based data forwarding for light-traffic vehicular networks//2009 29th IEEE International Conference on Distributed Computing Systems, Montreal, 2009: 231-238.

[8] Xu F L, Guo S, Jeong J, et al. Utilizing shared vehicle trajectories for data forwarding in vehicular networks//2011 Proceedings IEEE International Conference on Computer Communications, Shanghai, 2011: 441-445.

[9] Wu Y C, Zhu Y M, Li B. Trajectory improves data delivery in vehicular networks//2011 Proceedings IEEE International Conference on Computer Communications, Shanghai, 2011: 2183-2191.

[10] Naumov V, Gross T R. Connectivity-aware routing (CAR) in vehicular ad hoc networks//IEEE INFOCOM 2007-26th IEEE International Conference on Computer Communications,

Anchorage, 2007: 1919-1927.

[11] Ding Y, Wang C, Xiao L. A static-node assisted adaptive routing protocol in vehicular networks//Proceedings of the 4th ACM International Workshop on Vehicular Ad Hoc Networks, Montreal, 2007: 59-68.

[12] Luan T H, Cai L X, Chen J M, et al. Vtube: towards the media rich city life with autonomous vehicular content distribution//2011 8th Annual IEEE Communications Society Conference on Sensor, Mesh and Ad Hoc Communications and Networks, Salt Lake City, 2011: 359-367.

[13] Jeong J, Guo S, Gu Y, et al. TSF: trajectory-based statistical forwarding for infrastructure-to-vehicle data delivery in vehicular networks//2010 IEEE 30th International Conference on Distributed Computing Systems, Genoa, 2010: 557-566.

[14] Wu D, Zhang Y, Bao L C, et al. Location-based crowdsourcing for vehicular communication in hybrid networks. IEEE Transactions on Intelligent Transportation Systems, 2013, 14(2): 837-846.

[15] Wu D, Luo J, Li R F, et al. Geographic load balancing routing in hybrid vehicular ad hoc networks//2011 14th International IEEE Conference on Intelligent Transportation Systems, Washington D. C., 2011: 2057-2062.

[16] Guo M, Ammar M H, Zegura E W. V3: a vehicle-to-vehicle live video streaming architecture. Pervasive and Mobile Computing, 2005, 1(4): 404-424.

[17] Masala E, de Martin J C. Distortion-optimized retransmission for low-delay robust video communications over 802.11 intervehicle ad hoc networks//Proceedings of the 4th ACM International Workshop on Vehicular Ad Hoc Networks, Montreal, 2007: 69-70.

[18] Asefi M, Mark J W, Shen X S. A mobility-aware and quality-driven retransmission limit adaptation scheme for video streaming over VANETs. IEEE Transactions on Wireless Communications, 2012, 11(5): 1817-1827.

[19] Soldo F, Casetti C, Chiasserini C F, et al. Streaming media distribution in VANETs//IEEE GLOBECOM 2008-2008 IEEE Global Telecommunications Conference, New Orleans, 2008: 1-6.

[20] Yang Z Y, Li M, Lou W J. Codeplay: live multimedia streaming in vanets using symbol-level network coding//The 18th IEEE International Conference on Network Protocols, Kyoto, 2010: 223-232.

[21] Belyaev E, Vinel A, Surak A, et al. Robust vehicle-to-infrastructure video transmission for road surveillance applications. IEEE Transactions on Vehicular Technology, 2014, 64(7): 2991-3003.

[22] Li Y, Hui P, Jin D P, et al. Evaluating the impact of social selfishness on the epidemic routing in delay tolerant networks. IEEE Communications Letters, 2010, 14(11): 1026-1028.

[23] Gao W, Li Q H, Zhao B, et al. Multicasting in delay tolerant networks: a social network perspective//Proceedings of the Tenth ACM International Symposium on Mobile Ad Hoc Networking and Computing, Santiago, 2009: 299-308.

[24] Zheng Y. T-Drive trajectory data sample. http://research.microsoft.com/apps/pubs/?id=152883 [2011-8-1].

第6章 传输模式自适应的视频机会路由算法

6.1 引　言

在城市环境中，另外一类典型的应用场景如视频广告的投放等，需要在一定的时间约束下从固定地点向分散在其他区域的多个位置或者目标（LCD 广告展示屏等）投放视频流。为了降低时延，视频数据包会尽可能地利用车辆间的无线信道进行传输。但是，干扰的存在及信道的衰落性，使得大量的视频数据包在传输过程中受到损伤而被丢弃，从而造成视频流的传输失真。如果利用无线信道，大量的视频数据包也会由于传输时延过大而被丢弃，同样影响了视频流的传输质量。为了解决该问题，本章提出视频机会流路由算法，其可以自适应地调整视频数据包的传输模式，通过在时延和丢包之间找到一个最佳折中来优化视频流的端到端传输质量。

6.2 相关工作介绍

在学术界，车联网中的路由算法设计一直是一个比较受关注的问题，很多科研工作者在该领域做了大量的工作。例如，文献[1]提出了 MDDV 算法，利用路段信息沿最优路径进行数据投递；文献[2]充分利用导航系统提供的车流量信息提出了 VADD 算法，完成了在交叉路口的最优路径选择；文献[3]则设计并探讨了如何在给定约束下完成多任务的数据投递；文献[4]和[5]提出了利用静态节点辅助数据传输等。但是，上述算法都是用来进行一般数据传输的。

对视频机会传输的路由算法来讲，该方面的研究工作不多，而基于车联网进行实时视频数据投递的研究更加有限。文献[6]和[7]从 MAC 层优化的角度研究了车联网中实时视频数据传输的问题，文献[8]和[9]则分别利用物理层技术和车联网编码技术研究了视频传输问题。但是这些工作与本章的关注点不同，本章的工作是从路由上来解决视频流在以车辆为节点的移动机会网络中的视频流传输问题，而目前该方面的研究工作还非常有限。目前，与本章最为接近的应该是滑铁卢大学 Asefi 等[10]的工作，其也采用率失真作为度量标准来指导城市环境下的视频流传输路由算法设计。

6.3　系统模型及问题描述

在城市环境中，借助于机会网络进行视频数据传输的另一类典型应用就是数据分发，例如，把高清的电影、广告、视频等从一个固定位置向单个或者多个固定位置的显示设备（电子广告牌等）投递，如图 6-1 所示。与弱实时视频流传输相关的应用相比，该类视频传输应用对时延的要求更低，但是对视频重建的质量要求较高，以尽量保证原始画面的清晰度。本节针对该类应用的特点设计视频机会路由算法，在传输时延和视频失真度之间找到一个折中来最大化端到端的视频传输质量。

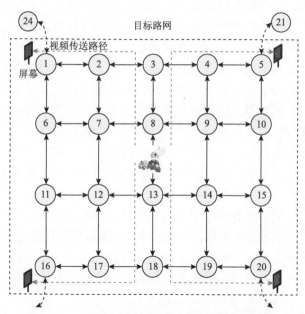

图 6-1　视频向固定位置的显示设备传输示意图

系统模型如图 6-1 所示，视频传输区域的道路网络被看作一个有向图，图中的每一条边代表一个路段，而每一个小圆环代表一个交叉路口。在该区域的每个入口都部署一个电子显示屏，这样经过的人们都可以看到投递在电子显示屏上的广告、影讯等信息。为了避免在视频传输过程中出现环路问题，对于同一个目的节点，规定数据包沿同一路段的投递都是单向的。此外，在系统模型中采用如下几个在当前很多文献中通用的假设[11-14]。首先，每个参与视频传输的车辆都安装有导航系统，通过该系统可以获得所在城市区域的数字地图和车辆的实时位置。其次，路由设计中假定每个路段的车流量统计信息都是已知的，这是由于可以通过很多途径获得这些信息，例如，可以通过谷歌和百度的导航系统得到车流量状况，也可以采用前面介绍的利用交通监控设备网络得到车流量的统计信息。此外，在 802.11p 协议中，无线信道分成两类，一类称为控制信道，主要用来传输控制信息；另一类称为服务信道，主要用来传输数据。假设每个车辆都能持续地收集其位置、速度、方向、无线干扰等信息，然后通过控制信道把这些信息向其邻居节点进行周期性广播。

基于上述系统模型和假设，本章的问题可以描述为：针对给定区域的道路网络，在考虑无线链路干扰的情况下，如何在给定的时延约束下设计高效的视频传输路由算法，使得视频流在两个固定节点之间传输时端到端的失真最小。

该问题可以分解成以下三个子问题。

（1）节点如何进行传输模式的自适应判决来实现时延和失真的均衡。

尽管视频数据包通过无线信道进行传输会大幅降低时延，但是外界的干扰和无线衰落信道自身的特性也会使得大量的数据包被丢弃，造成视频流传输失真；反之，节点的直接携带会造成过大的传输时延，导致大量的数据包因为生存时长超时而被丢弃，从而进一步影响视频流的传输质量。因此，当携带数据的节点和其他节点相遇时，其选择直接传输还是继续携带将是一个关键的问题。因此，如何自适应地选择传输模式是路由算法设计中的一个关键问题。

（2）节点如何实现信噪比和单跳传输距离之间的均衡。

在城市环境中，车辆一般比较密集，特别是当发生交通拥堵时，每一个节点都会有很多邻居节点。为了提高单跳的视频传输质量，携带数据的节点往往会选择信噪比最大的邻居节点作为中继节点。在节点发射功率都相同的情况下，距离越近的邻居节点，信道质量越好。这就意味着，视频传输时单跳的传输距离越短，视频数据包沿着一条路段传输时需要越多的跳数，从而加剧了视频传输的失真。因此，如何在信噪比与单跳传输距离之间找到一个均衡是路由算法设计中的另一个关键问题。

（3）如何预测路段的视频传输失真。

车联网中视频传输要解决的一个问题就是路段选择问题，而路段选择又是以每个路段的视频传输失真为依据的。因此，如何基于节点的选择和传输模式的自适应判决，对路段的视频传输失真进行预测是路由算法设计的最后一个关键问题。

接下来对视频机会传输路由算法的讨论主要围绕这三个关键问题展开。

6.4 路由算法设计

本节首先建立机会网络中视频传输的端到端失真概率模型，并对模型中的三种概率进行推导；然后基于视频传输的端到端失真概率模型进行最优路径选择，并从信噪比和单跳传输距离之间的均衡出发为每一条路径选择最佳的中继节点；为了最小化端到端的失真，在视频沿路段进行传输的过程中，研究如何通过传输模式的自适应切换来实现时延和丢包的均衡；最后，给出整体的视频数据传输机会路由算法。

6.4.1　机会网络中视频传输失真建模

依据文献[15]，当视频流在无线衰落信道传输时，其率失真可以用以下模型来计算：

$$D_{\mathrm{d}} = D_{\mathrm{e}} + D_{\mathrm{v}} \tag{6-1}$$

其中，D_{d} 代表用均方误差表示的整体传输失真；D_{e} 代表压缩编码引起的视频失真；D_{v} 代表传输错误和帧间错误传播引起的失真。

上述模型主要用来计算视频流单跳传输造成的失真，但是在以车联网为代表的机会网络中，在视频流从源节点到目的节点的传输过程中，其经历的跳数一般多于一跳，因此重新对上述模型进行扩展：

$$D_{\mathrm{d}} = D_{\mathrm{e}} + D_{\mathrm{n}} \tag{6-2}$$

在上述公式中，D_{e} 仍然表示编码器的压缩编码带来的视频失真，视频流在传输过程中仅需要一次压缩编码，因此有 $D_{\mathrm{e}} = D_0 + \dfrac{\omega}{\mu - \mu_0}$，其中 ω、μ、μ_0 和 D_0 分别表示与压缩编码器相关的常量参数。D_{n} 代表网络因素导致的视频流失真，主要由三部分组成，即在视频流传输时由网络分割造成的失真 D_{parti}、由视频数据包传输超时造成的失真 D_{expire}、由信道的衰减和干扰引起的数据包传输错误造成的失真 D_{error}。视频流在传输过程中不再进行压缩编码，因此本章仅关注 D_{n}，即

$$D_{\mathrm{n}} = D_{\mathrm{parti}} + D_{\mathrm{expire}} + D_{\mathrm{error}} \tag{6-3}$$

依据文献[16]和[17]，单个视频数据包在网络中传输时有

$$D_{\mathrm{n}} = \varphi p_{\mathrm{drop}} \tag{6-4}$$

其中，φ 表示该数据包被丢弃而产生的失真；p_{drop} 表示该数据包被丢弃的概率。因此，把上述模型细化为

$$D_{\mathrm{n}} = \varphi P_{\mathrm{parti}} + \varphi(1 - P_{\mathrm{parti}}) P_{\mathrm{expire}} + \varphi(1 - P_{\mathrm{parti}})(1 - P_{\mathrm{expire}}) P_{\mathrm{error}} \tag{6-5}$$

其中，P_{parti}、P_{expire}、P_{error} 分别表示视频数据包在传输过程中由于网络分割、生存时长超时、传输错误而被丢弃的概率（面向最小失真的视频机会路由算法设计中用到的主要符号及其意义可以参照表 6-1）。

表 6-1　模式自适应的视频机会路由算法设计中用到的主要符号及其意义

符号	意义
P_{parti}、P_{expire}、P_{error}	数据包由于网络分割、生存时长超时、传输错误被丢弃的概率
φ	数据包被丢弃而产生的视频失真
P_{N_j}	表示来自节点 N_j 的信号功率
d_{hop}	数据包单跳的传输距离
l_i、ρ_i	路段 Z_i 的长度及其车辆密度
S_{path}	源节点到目的节点所有路径的集合
st_i	源节点到目的节点的任一路径 i
Z_{ik}	源节点到目的节点的路径 st_i 上的路段 k
$P_{\text{parti},i}$	源数据包沿路径 st_i 传输时，由于网络分割而被丢弃的概率
$P_{\text{error},i}$	数据包沿路径 st_i 传输时，由于传输错误而被丢弃的概率
$P_{\text{expire},i}$	数据包沿路径 st_i 传输时，由于生存时长超时而被丢弃的概率

6.4.2　失真模型中的概率计算

为了具体给出视频流在机会网络中的传输失真模型，本节对上述三种概率进行推导。

1. 网络分割概率

对于任一路段 Z_i，用 l_i 代表其长度，ρ_i 代表其车辆密度，R 表示每个车辆代表的节点信号的有效传输距离。依据文献[1]、[2]、[4]，每个路段上的车辆服从泊松分布，因此本章用随机变量 θ 代表在距离 R 内的车辆总数，可以得到

$$f(\theta) = \frac{(\rho_i R)^{\theta}}{\theta!} \mathrm{e}^{-\rho_i R} \qquad (6\text{-}6)$$

如果在每个间隔距离 R 内至少有一辆车，则在该路段上的网络是连通的；否则，网络处于分割状态，那么在该路段上网络分割的概率可以计算为

$$P_{\text{parti},i} = 1 - \prod_{i=1}^{\mu_i} (1 - f(\theta=0)) \qquad (6\text{-}7)$$

其中，$\mu_i = \left\lceil \dfrac{l_i}{R} \right\rceil$。

2. 传输错误概率

当视频流通过无线信道传输时，来自邻居节点的干扰会对数据包产生很大影响。依据文献[7]，当一个 Lbit 长度的数据包在节点 N_u 和 N_v 之间传输时，其传输错误概率 p_{uv} 可以用下述 Sigmoid 函数进行估算：

$$p_{uv} = \frac{1}{1 + e^{\xi(Y_{SNR} - \delta)}} \qquad (6-8)$$

其中，ξ 和 δ 表示与调制编码相关的常量参数；Y_{SNR} 表示在数据包传输时刻节点 N_v 收到来自 N_u 信号的信噪比。可以看出，为了降低数据包发生错误的概率，需要选择信噪比高的节点作为中继节点。

假设 N_0 表示在某一路段上的一个随机节点，在它的每一侧都有 i 个邻居节点，如图 6-2 所示，则该节点从其邻居节点接收到的干扰信号的功率之和可以计算为

$$I_{sum} = 2 \times \sum_{j=1}^{\mu_i} P_{N_j} \qquad (6-9)$$

其中，P_{N_j} 表示来自节点 N_j 的信号的功率。这样，节点 N_0 收到的来自邻居节点的干扰信号总功率的期望值可以计算为

$$E(I_{sum}) = 2 \times \sum_{k=1}^{\infty} E\left(\sum_{j=1}^{k} P_{N_j}\right) \times f(\theta = k) \qquad (6-10)$$

其中，$f(\theta = k)$ 可以用式（6-6）进行计算。依据文献[18]，两个节点接收信号的功率强度一般被建模成一个对数正态衰减模型（log-normal shadowing model），来自节点 N_j 的功率强度可以计算为

$$P_{N_j} = P_t - PL_0(d_0) - 10\alpha \lg\left(\frac{R_{N_j}}{d_0}\right) \qquad (6-11)$$

其中，P_t 是节点 N_0 的发射功率，对于不同的节点，其为相同的常量；$PL_0(d_0)$ 是一个参考值，为常量；α 是路径衰耗指数，也为常量；L_0 是节点 N_j 与节点 N_0 之间的距离；d_0 是参考距离，也为常量，则有

$$R_{N_j} = d_1 + d_2 + \cdots + d_j \tag{6-12}$$

其中，d_j 表示节点 N_j 和 N_{j-1} 之间的距离。变量 $d_1, d_2, \cdots, d_j$ 相互独立且服从参数为 ρ 的指数分布，因此变量 R_{N_j} 服从参数为 $j\rho$ 的指数分布：

$$f(R_{N_j}) = j\rho \mathrm{e}^{j\rho R_{N_j}} \tag{6-13}$$

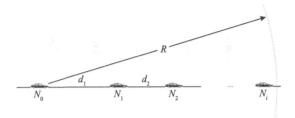

图 6-2　节点受到邻居节点的干扰示意图

基于式（6-10）、式（6-11）、式（6-13），可以计算出节点 N_0 受到的干扰信号的期望功率。

假设节点 N_s 正在向节点 N_0 发送视频数据包，且两个节点间的距离是 d_{hop}，则节点 N_0 收到的来自 N_s 的无线信号的信噪比为

$$Y_{\mathrm{SNR}} = 10\lg \frac{P(d_{\mathrm{hop}})}{E(I_{\mathrm{sum}}) - P(d_{\mathrm{hop}})} \tag{6-14}$$

其中，$P(d_{\mathrm{hop}})$ 表示节点 N_0 收到的来自 N_s 的无线信号强度，可以利用式（6-11）计算得到。这样，可以根据式（6-8）得到视频数据包在节点 N_s 和 N_0 之间传输时的错误概率 $p_{\mathrm{err}}(d_{\mathrm{hop}}, \rho)$。因此，对于某一路段 Z_i，已知其长度 l_i 和平均车辆密度 ρ_i，则可以估计出在平均单跳距离为 d_{hop} 时，数据包沿该路段传输时的数据传输错误概率为

$$P_{\mathrm{error},i} = \left[p_{\mathrm{err}}(d_{\mathrm{hop}}, \rho_i) \right]^{\left\lceil \frac{l_i}{d_{\mathrm{hop}}} \right\rceil} \tag{6-15}$$

对于一个给定的路段，从上述公式可以看出，P_{error} 是一个以 d_{hop} 为变量的函数，因此可以找到一个最优的单跳距离 d_{hop} 使得其满足如下条件：

$$\begin{cases} d_{\mathrm{hop}} \leqslant R \\ d_{\mathrm{hop}}^{\;*} \leftarrow \arg\min P_{\mathrm{error}} \end{cases} \tag{6-16}$$

3. 传输超时概率

上述对网络不连通概率和传输错误概率的讨论都是针对单一的路段，而传输超时对单一路段没有意义，因此本章研究视频传输时端到端的超时概率。视频流传输时对时延的要求比较宽松，因此假定每个视频数据包都有相同且较高的生存时长。

依据文献[19]，单一路段上的车辆服从泊松分布，数据包的传输时延服从伽马分布 $M \sim \Gamma(\kappa, \theta)$。那么，在传输时延分布给定的情况下，数据包生存时长超时的概率可以表示为

$$P_{\text{expire}} = P(T > \text{TTL}) = 1 - \int_0^{\text{TTL}} f(t)\mathrm{d}t \tag{6-17}$$

其中，$f(t)$ 是视频数据包传输时延 T 的概率密度函数。为了对上述公式进行求解，必须给出 $f(t)$ 的具体表达式。

在机会网络中，数据包的传输是采用存储-携带-转发的方式，因此数据包携带时间几乎等同于传输时间，所以本章仍然采用文献[11]中提出的时延模型进行求解。因此，依据式（5-6）和式（5-7），对每一个路段可以分别求出数据包传输时延 T_i 的期望 $E[T_i]$ 和方差 $\text{Var}[T_i]$。因为传输时延 T_i 服从伽马分布，所以有

$$T_i \sim \Gamma(\kappa_i, \theta_i) \tag{6-18}$$

$E[T_i] = k_i\theta_i$，$\text{Var}[T_i] = k_i\theta_i^2$（$T_i$，$k_i$，$\theta_i > 0$）。因此，可以求得 k_i 和 θ_i，给出 T_i 的概率密度函数 $f(t_i)$。数据包沿着不同路段进行传输的时延是相互独立的，因此对于一条路径，可以计算出其端到端传输时延 T 的期望和方差，然后算出 $f(t)$ 的具体表达式，从而计算出数据包端到端的传输超时概率 P_{expire}。

6.4.3　最优路径选择

在视频流传输过程中，节点在中继过程中会面临两种选择，其一为沿单一路径传输时下一跳节点的选择，其二为到达交叉路口时最优路径的选择。对于前者，本书已经在传输错误概率推导中通过最佳单跳传输距离的计算进行介绍，因此本节介绍最优路径的选择算法。

假设一个视频数据包从源节点位置 A 向目的节点 D 传输，从 A 到 D 有很多条路径，而每一条路径又包含很多路段。用集合 $S_{\text{path}} = \{\text{st}_1, \text{st}_2, \cdots, \text{st}_i\}$ 来表示从 A

到 D 的所有路径，同时，对于任意路径 st_i，用 $\mathrm{st}_i = \{Z_{i1}, Z_{i2}, Z_{i3}, \cdots, Z_{ij}\}$ 表示其包含的所有路段。分别用 $P_{\mathrm{parti},i}$、$P_{\mathrm{error},i}$ 和 $P_{\mathrm{expire},i}$ 表示路径 st_i 端到端的网络分割概率、传输错误概率和生存时长超时概率，同时用 $P_{\mathrm{parti},ik}$ 和 $P_{\mathrm{error},ik}$ 表示该路径上路段 Z_{ik} 的网络分割概率和传输错误概率。如果路径 st_i 是视频流的实际传输路径，则其应该满足

$$
\begin{cases}
P_{\mathrm{parti},i} = 1 - \displaystyle\sum_{k=1}^{j}(1 - P_{\mathrm{parti},ik}) \\[2mm]
P_{\mathrm{error},i} = 1 - \displaystyle\sum_{k=1}^{j}(1 - P_{\mathrm{error},ik}) \\[4mm]
D_i = \varphi P_{\mathrm{parti},i} + \varphi(1 - P_{\mathrm{parti},i})P_{\mathrm{expire},i} \\[1mm]
\qquad + \varphi(1 - P_{\mathrm{parti},i})(1 - P_{\mathrm{expire},i})P_{\mathrm{error},i} \\[2mm]
\mathrm{st}_i^{*} \leftarrow \arg\min D_i, \mathrm{st}_i \in S_{\mathrm{path}}
\end{cases}
\tag{6-19}
$$

其中，$P_{\mathrm{parti},ik}$、$P_{\mathrm{error},ik}$ 和 $P_{\mathrm{expire},ik}$ 可以分别通过式（6-7）、式（6-16）、式（6-17）计算。视频流的传输通常在一个有限的区域内，因此可以很容易地求出 st_i。由于网络的动态性，每次求得的最优路径都不同，数据包在传输到每一个交叉路口时都要重复上述计算，以保证选择最优路径进行传输。

6.4.4 视频传输模式自适应切换

前面已经提到，当传输视频流时，如果尽可能地充分利用无线链路，生存时长超时的概率会降低，但是传输错误的概率会急剧升高；反之，数据包传输错误的概率会降低，但是生存时长超时概率会升高。而两种概率的升高都会造成视频传输质量下降。因此，本节讨论如何通过两种传输模式的自适应切换来最小化视频流的传输失真。

如图 6-3 所示，假设节点 N_s 有机会把视频数据包传递给节点 N_d，两者之间的距离是 l。用 $P_{\mathrm{error},sd}$ 表示通过无线链路进行数据传输时由传输错误导致数据包被丢弃的概率。每个节点都在实时地计算其受到的干扰，并周期性地向其邻居节点发送这些数据，因此节点 N_s 可以通过式（6-8）求出 $P_{\mathrm{error},sd}$ 的值。因为在一跳传输时，时延可以忽略不计，通过无线传输造成的传输失真增量 $\Delta D_{\mathrm{forward}}$ 可以计算为

$$
\Delta D_{\mathrm{forward}} = \varphi P_{\mathrm{error},sd}
\tag{6-20}
$$

如果节点 N_s 不通过无线链路进行传输，则由携带而产生的传输时延增量可以表示为

$$\Delta T = \frac{l}{v} \qquad (6\text{-}21)$$

其中，v 表示该路段的车辆平均速度。用 TTL_{cur} 表示数据包剩余生存时长，则由携带产生的时延造成的传输失真的增量 ΔD_{carry} 可以表示为

$$\begin{aligned}
\Delta D_{\text{carry}} &= \varphi P_{\text{expire}}(\text{TTL}_{\text{cur}} - \Delta T) - \varphi P_{\text{expire}}(\text{TTL}_{\text{cur}}) \\
&= \varphi \int_{\text{TTL}_{\text{cur}} - \Delta T}^{\text{TTL}_{\text{cur}}} f(t)\mathrm{d}t
\end{aligned} \qquad (6\text{-}22)$$

则视频数据包的传输模式将会按照下述算法进行切换。

（1）如果 $\Delta D_{\text{forward}} \leqslant \Delta D_{\text{carry}}$，节点 N_s 通过无线链路把数据发送给节点 N_d。

（2）如果 $\Delta D_{\text{forward}} > \Delta D_{\text{carry}}$，节点 N_s 将会携带数据包直到遇到下次传输机会再次进行判决。

图 6-3　节点传输自适应切换示意图

6.4.5　视频机会路由算法整体过程描述

前面介绍了视频流传输的端到端失真计算、最佳单跳距离的中继节点选择和最优路径选择。算法 6-1 给出了视频数据包利用机会路由算法的具体过程。

算法 6-1：机会网络中视频机会流路由算法

Require：视频流传输区域的道路有向图；

　　　　　每个路段的长度；

　　　　　每个路段上车流量的实时统计信息；

　　　　　每个车辆周期性地向邻居节点广播辅助信息

begin

1：　节点 N_s 收到数据包后开始依据式（6-19）进行最优路径 st_i^* 选择。

2：　**while**（数据包尚未投递到目的节点）**do**

3：　　**if**（节点 N_s 处在一个路段上）**then**

4：	**for**（节点 N_s 没有到达交叉路口）**do**	
5：	**if**（节点 N_s 有机会传输数据包）**then**	
6：	节点 N_s 依据式（6-20）和式（6-21）进行传输模式自适应选择判决。	
7：	**if** （ $\Delta D_{forward} \leqslant \Delta D_{carry}$ ）**then**	
8：	节点 N_s 继续携带数据包。	
9：	**else**	
10：	节点 N_s 依据式（6-16）进行最优中继节点 N_r^* 选择；	
11：	节点 N_s 向中继节点 N_r^* 发送数据包；	
12：	节点 N_r^* 的标识更新为 N_s 。	
13：	**end if**	
14：	**end if**	
15：	**end for**	
16：	**else**	
17：	节点 N_s 通过式（6-19）选择最优路径。	
18：	**end if**	
19：	**end while**	
end		

6.5　实验与分析

6.5.1　仿真环境介绍

为了对本章所提出的静态节点辅助的最优缓存接力路由算法进行性能评估，仍然采用 4.5.1 节的仿真环境，节点间仍然采用默认的 802.11b 进行通信，每个节点的通信半径为 250m。仿真区域选自北京市区的一个 3000m×4000m 的矩形区域，如图 6.4（a）所示，该图给出了该区域真实的道路状况，可以看到总计包括 23 个路段和 16 个交叉路口。

考虑到目前车载无线设备的普及率较低，所有的车辆都能够参与视频流传输尚不现实，因此本章仅利用微软亚洲研究院收集的出租车的移动轨迹[20]作为仿真数据集。该数据集总计包括 10000 多辆出租车一周时间的轨迹数据，活动范围覆盖整个北京市区。在实验中，仅抽取其中一天的轨迹数据。同时，为了观察不同的车流量状况对视频流投递性能的影响，又分别抽取 4:00～6:00、11:00～13:00、18:00～

20:00 三个典型时间段的轨迹数据进行仿真。本章利用特定区域的公路网络进行仿真，因此仅选取仿真时间段出现在该区域的出租车作为移动节点。此外，由于车辆轨迹的 GPS 信息存在误差且位置记录周期较长，本节对该区域的轨迹数据做了修正、插值等预处理。

为了对视频流进行仿真，本章仍然采用标准的视频序列"foreman.qcif"作为源数据。该视频序列的持续时间只有 13.3s，因此采用多个副本进行连续传输。此外，有效仿真的持续时间以设定的数据包生存时长为准，最后注入网络数据包的生存时长到期以后仿真自动终止。

6.5.2　仿真结果对比分析

1. 相关工作简介

针对视频流在车联网中传输的研究已经有了一些前期工作，但目前与本章最为接近的应该是滑铁卢大学 Asefi 等[10]的工作，其也采用率失真作为度量标准来指导城市环境下的视频流传输路由算法设计。因此，在下面的实验分析中，把本章算法和该文献提出的质量驱动路由算法 QDRP 进行对比分析。

2. 仿真结果对比分析

在仿真中，假设在广安门的位置（图 6-4（a）中 A 点）视频流被注入网络并向四方桥上的目的节点（图 6-4（a）中 B 点）传输。仿真分别基于三个不同时间段的车辆数据集来进行。在本章算法中，为了尽可能提高视频流的传输质量，节点能够依据数据包的剩余生存时长进行自适应的传输模式切换，因此采用不同的 TTL 值来基于 18:00～20:00 时间段数据集进行仿真，并分别对平均传输时延、平均 PSNR 和平均传输跳数与 QDRP 进行对比。

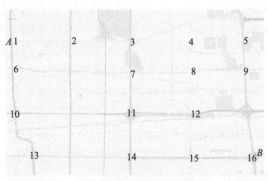

(a)仿真区域的道路网络拓扑

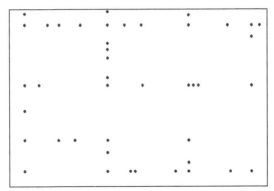

(b)仿真节点瞬时位置截图

图 6-4　仿真选取区域

视频流在通过移动的车辆进行传输时，如果其 TTL 值设置太小，则数据包尚未被投递到目的节点就会被丢弃。在仿真中，数据包 TTL 值最初设置为 90s，然后以步长 30s 的速度递增，直到 TTL 值达到 300s。图 6-5 给出了本章算法和 QDRP 的仿真结果对比。从这些对比结果可以看到，本章算法对数据包生存时长的变化更加敏感，而 QDRP 则表现相当迟钝。

1）平均传输时延对比

图 6-5（a）给出了平均传输时延的仿真对比结果。从该图可以看到，随着数据包生存时长的递增，利用本章算法传输数据包的平均传输时延增加，而路由算法 QDRP 则没有非常明显的变化。这是由于 TTL 值的大小表示视频应用对传输时延的要求是否苛刻。该现象表明，当对视频传输时延的要求比较松散时，本章算法能够尽可能地减少对无线链路的使用，以降低视频传输失真。从图中也可以看出，尽管利用本章算法投递视频流时传输时延较高，但是其平均传输时延都小于设定的 TTL 值，这也表明绝大多数的数据包还是在其生存时长超时前被成功投递。

2）平均 PSNR 对比

图 6-5（b）分别给出了利用本章算法和 QDRP 进行视频流传输时的平均 PSNR 随着 TTL 值的变化趋势。从该图可以清晰地看到，随着 TTL 值的递增，利用本章算法进行视频流传输的平均 PSNR 有较大幅度的提升，而 QDRP 只有在 TTL 值递增到 120s 时才有明显的改善，其后变化幅度很小。这是因为随着数据包 TTL 值的递增，本章算法能够对数据传输模式进行自适应，尽可能地通过携带来降低由无线干扰和衰落造成的传输错误丢包，从而减小视频流传输失真；而 QDRP 则没有该功能，其不会随着 TTL 值的增大自适应地调整传输模式。

3）平均传输跳数对比

为了能够更加直观地对本章算法的传输模式进行自适应验证，给出了两个算法平均传输跳数的仿真对比结果，如图 6-5（c）所示。从图中可以发现，随着 TTL

值的递增，本章算法的平均传输跳数递减，而 QDRP 几乎没有变化；同时，在相同的 TTL 值设置下，可以看到 QDRP 的平均传输跳数要多于本章算法的平均传输跳数。这也再次验证了本章视频机会传输协议的高效性。

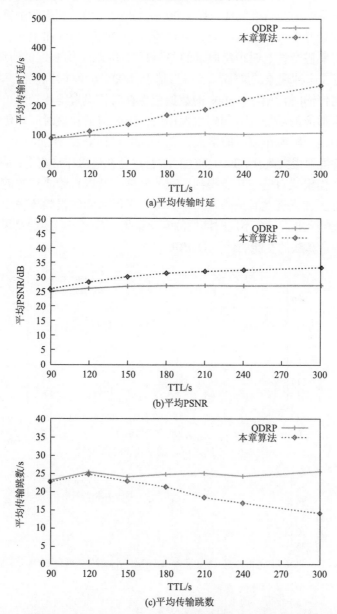

图 6-5　基于 18:00～20:00 时间段数据集的仿真结果对比

此外，为了观察不同的车流量状况对本章提出的视频机会路由算法性能的影响，分别基于 4:00~6:00、11:00~13:00 和 18:00~20:00 时间段再次进行仿真。
在 4:00~6:00 时间段，车辆非常稀疏，因此直接设定数据包的 TTL 值为 300s。图
6-6 给出了在不同时间段分别利用本章算法和 QDRP 进行传输的视频流的平均
PSNR 仿真结果对比。结果发现，在 4:00~6:00 时间段，利用两个算法进行传输
的视频流的质量并没有太大的差异，但是利用 11:00~13:00 和 18:00~20:00 两个
时间段的数据集进行仿真时视觉质量的差距非常明显，平均 PSNR 分别相差 2.9dB
和 3.7dB。造成这种现象的原因如下：当基于 4:00~6:00 时间段的车辆数据集进
行仿真时，与传输时延相比，300s 的数据包生存时长设置得比较急迫，本章算法
中传输模式自适应的功能没有起到太大作用，因此造成在该时间段传输质量的差
异性很小。但是，随着车流量的增大，在 11:00~13:00 和 18:00~20:00 两个时间
段网络连通性得到很大改善，300s 的生存时长设置就显得非常宽裕，从而使得机会
路由算法的传输模式自适应功能得到了充分发挥，所以视频质量的差异性非常明
显。为了能够更加直观地看到两种路由算法在不同时间段视频传输质量之间的差
异，图 6-7 分别给出了三个不同时间段的实验结果。从这三组实验结果能够非常清
晰地看出，本章算法的性能要优于 QDRP。

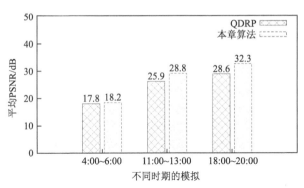

图 6-6　不同时间段的平均 PSNR 对比

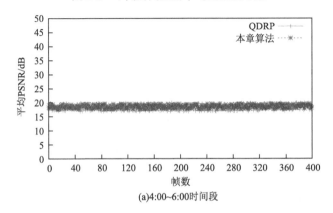

(a)4:00~6:00时间段

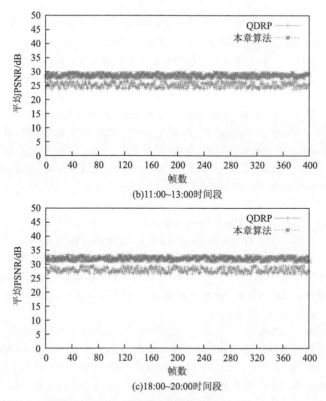

图 6-7　不同时间段的一组视频质量仿真结果对比（TTL=300s）

6.6　本章小结

在城市环境中，大量的应用场景需要向静止或者固定的目标进行视频数据投递。为了解决在该类典型应用场景下的高质量视频数据投递问题，本章充分考虑到视频应用对时延相对宽松的约束，提出了传输模式自适应切换的视频机会流传输算法，在实时性和丢包率之间找到了一个均衡，从而最大化视频流的端到端传输质量。针对所提路由算法分别进行仿真，并与相似的工作进行对比，大量的仿真结果也验证了本章算法的有效性。

参 考 文 献

[1] Wu H, Fujimoto R, Guensler R, et al. MDDV: a mobility-centric data dissemination algorithm for vehicular networks//Proceedings of the 1st ACM International Workshop on Vehicular Ad Hoc Networks, Philadelphia, 2004: 47-56.

[2] Zhao J, Cao G H. VADD: vehicle-assisted data delivery in vehicular ad hoc networks. IEEE Transactions on Vehicular Technology, 2008, 57(3): 1910-1922.

[3] Skordylis A, Trigoni N. Delay-bounded routing in vehicular ad hoc networks//Proceedings of the 9th ACM International Symposium on Mobile Ad Hoc Networking and Computing, Hong Kong, 2008: 341-350.

[4] Jeong J, Guo S, Gu Y, et al. TSF: trajectory-based statistical forwarding for infrastructure-to-vehicle data delivery in vehicular networks//2010 IEEE 30th International Conference on Distributed Computing Systems, Genoa, 2010: 557-566.

[5] Ding Y, Wang C, Xiao L. A static-node assisted adaptive routing protocol in vehicular networks//Proceedings of the 4th ACM International Workshop on Vehicular Ad Hoc Networks, Montreal, 2007: 59-68.

[6] Masala E, de Martin J C. Distortion-optimized retransmission for low-delay robust video communications over 802.11 intervehicle ad hoc networks//Proceedings of the 4th ACM International Workshop on Vehicular Ad Hoc Networks, Montreal, 2007: 69-70.

[7] Asefi M, Mark J W, Shen X S. A mobility-aware and quality-driven retransmission limit adaptation scheme for video streaming over VANETs. IEEE Transactions on Wireless Communications, 2012, 11(5): 1817-1827.

[8] Soldo F, Casetti C, Chiasserini C F, et al. Streaming media distribution in VANETs//IEEE GLOBECOM 2008-2008 IEEE Global Telecommunications Conference, New Orleans, 2008: 1-6.

[9] Yang Z Y, Li M, Lou W J. Codeplay: live multimedia streaming in VANETs using symbol-level network coding//The 18th IEEE International Conference on Network Protocols, Kyoto, 2010: 223-232.

[10] Asefi M, Cespedes S, Shen X M, et al. A seamless quality-driven multi-hop data delivery scheme for video streaming in urban VANET scenarios//2011 IEEE International Conference on Communications, Kyoto, 2011: 1-5.

[11] Jeong J, Guo S, Gu Y, et al. TBD: trajectory-based data forwarding for light-traffic vehicular networks//The 29th IEEE International Conference on Distributed Computing Systems, Montreal, 2009: 231-238.

[12] Xu F L, Guo S, Jeong J, et al. Utilizing shared vehicle trajectories for data forwarding in vehicular networks//2011 Proceedings IEEE International Conference on Computer Communications, Shanghai, 2011: 441-445.

[13] Wu Y C, Zhu Y M, Li B. Trajectory improves data delivery in vehicular networks//2011 Proceedings IEEE International Conference on Computer Communications, Shanghai, 2011: 2183-2191.

[14] Naumov V, Gross T R. Connectivity-aware routing (CAR) in vehicular ad hoc networks//IEEE INFOCOM 2007-26th IEEE International Conference on Computer Communications, Anchorage, 2007: 1919-1927.

[15] Stuhlmuller K, Farber N, Link M, et al. Analysis of video transmission over lossy channels. IEEE Journal on Selected Areas in Communications, 2000, 18(6): 1012-1032.

[16] Zhang X G, Pang Y, Guo Z M. Rate-distortion based path selection for video streaming over

wireless ad hoc networks//2009 IEEE International Conference on Multimedia and Expo, New York, 2009: 754-757.

[17] Wu D L, Ci S, Wang H H, et al. Application-centric routing for video streaming over multihop wireless networks. IEEE Transactions on Circuits and Systems for Video Technology, 2010, 20(12): 1721-1734.

[18] Rappaport T S.Wireless Communications: Principles and Practice. Englewood: Prentice Hall, 1996.

[19] Athanasios P. Probability and Statistics. Englewood: Prentice-Hall, 1991.

[20] Zheng Y. T-Drive trajectory data sample. http://research.microsoft.com/apps/pubs/?id=152883 [2011-8-1].

第7章 面向质量的视频传输激励机制

7.1 引　　言

利用移动用户的智能设备有意识或者无意识组成的机会网络来进行视频传输不仅可以减轻服务参与者的负担，还可以有效降低移动互联网的数据压力。但是，一方面，归属、状态等客观因素和主观因素使得节点在参与数据传输时存在一定的自私性，这会严重影响网络的整体性能；另一方面，与一般数据相比，视频流在机会网络中的传输更加需要节点间的紧密协作来保证视频流的传输质量。为了解决上述矛盾，本章充分考虑视频数据包的特征和机会网络的特点，提出视频质量驱动的节点传输激励机制，其不仅能够刺激节点间的传输协作，还能保证遵从视频优化传输行为的节点收益最大化。具体来讲，把视频数据包当作可以自由交换的商品，利用节点的逐利性，通过市场行为驱使视频数据在节点间的交换。为了达到上述目标，本章激励机制的设计需要解决以下问题。

（1）视频数据包的动态定价。

相对于一般数据，视频帧之间的局部相关性使得来自不同视频帧的数据包之间也具有较强的相关性，而相关性又使得不同数据包在视频重建过程中的重要性具有很大的差异性，该差异性导致数据包本身价值的差异性；与此同时，当视频流在机会网络中传输时，同一个数据包在网络中会有很多副本，而副本量的大小表示该商品在网络中的供应量有多少，这也是影响数据包价值的一个重要因素。副本量随着数据的交换而发生变化，因此如何综合考虑上述两个因素对视频数据包进行动态定价是激励机制设计的基础。

（2）符合视频传输优化准则行为的节点收益最大化保证。

在激励机制设计中，目标是对节点的视频传输进行激励的同时能够对视频传输质量进行优化，因此要解决的问题就是如何设计合理的收益分配算法，使得只有遵守视频传输优化准则的节点才能最大化其收益，从而驱使节点行为不偏离预期。为了达到该目标，把数据包在节点间交换的过程建模为一个博弈过程，然后从中找到一个均衡，从而既能够保证最重要的节点最先得到传输，还能够保证数据交换双方的收益最大化。

7.2　相关工作介绍

众包（crowd-sourcing）的基本思想就是把一个非常复杂的任务分解成若干个相互独立的部分，然后通过大量参与者的相互协作来保证任务的最终完成[1]。机会网络的视频数据传输在本质上就是通过很多个中继节点的相互接力来完成视频数据的传输，且在传输过程中严格遵循一定的规则约束。因此，视频数据机会传输的过程在本质上也是通过众包的方式实现一个复杂任务的过程。在众包过程中，复杂任务的完成依赖每个子任务的成功实施，而子任务的成功实施最终取决于参与用户，因此如何激励用户积极参与到众包的任务中在最近几年是一个得到大家广泛关注的问题。总的来讲，目前对激励机制的研究主要分为两类，即对用户参与性的激励和对用户协作性的激励。前者主要是为了吸引更多的用户参与到任务中，而后者重在提高参与用户之间的协作性。

在文献[2]中，作者提出了两种激励机制的模型（即以平台为中心的模型和以用户为中心的模型）来处理不同约束情况下的激励问题。在文献[3]中，作者主要讨论在线激励问题，设计了一种激励机制在给定预算约束下进行用户招募。文献[4]则基于全支付拍卖（all-pay auction）设计了一种激励机制，能够在最小化支出的情况下获得最大的收益。当前很多众包任务比较简单，重在解决运算量过高的问题，参与者不需要或者很少需要交流，只需把感知的数据或者运算的结果直接提交给服务器即可，因此该类机制主要用来对用户进行招募，这类算法在本书中也称为用户-服务器激励模式。

但是，在视频数据机会传输过程中，单个用户的数据转发并不能保证视频数据按照给定约束进行投递，需要用户在传输过程中进行协作，且其协作水平的高低直接决定着视频传输质量的优劣。因此，用户间的协作激励也就成为必需，该类算法在本书中也称为用户-用户激励模式。对该问题较早的研究是从延迟容忍网络开始的。文献[5]～[7]首先从网络连通性的角度出发对节点间的行为进行研究，发现节点的运动等行为对网络的性能有极大的影响。用户的自私性，使得节点在进行传输转发的过程中呈现出一定的自私性行为，导致网络的连通性较差，网络的有效带宽和吞吐量下降，从而严重影响了网络的性能。例如，文献[8]提出了基于 TFT(tit-for-fat)的激励机制，解决了网络吞吐量的问题；文献[9]提出了 Give2Get 机制，不但对转发的数据包进行加密，还使得转发数据包最多的用户获得最大收益；文献[10]融合了信用度和加密技术，提出了 MobiCent 机制，能够解决节点间的边缘隐藏攻击问题。文献[11]和[12]把数据包看作一种可以售卖给接收者的商品，基于不同的应用场景进行激励机制设计，其主要的差异在于文献[12]在激励机制设计的过程中考虑了数据新鲜度的因素。但是，上述工作都是基于一般数据的激励机制进行设计的，而基于视频传输的激励机制设计的工作非常有限。

7.3　问 题 概 述

从网络的视角来讲，参与数据视频传输的移动节点自觉或者不自觉地组成了一个移动机会网络，而视频数据的传输则采用移动机会网络中数据传输的最基本模式，即存储-携带-转发。网络中除节点之外还存在一个平台，如图 7-1 所示，其负责用户招募、视频需求管理、数据包信息收集和分发等。如果一个移动节点退出或者参与到视频传输中，都会在平台上进行注册和登记，使得后者能够实时掌握参与用户的情况。当用户需要某一个视频段时，其会通过蜂窝网络发布请求信息。如果有用户收到该请求且恰好有其需要的视频数据，为了节省流量费用并避免网络拥塞，该用户会利用移动机会网络将这些视频数据向请求节点投递。为了使得平台能够实时获取网络中数据包的信息，假定每个节点至少有两个无线接口，一个无线接口用于节点间的短距直接通信，另一个无线接口可以实现长距实时通信，如 4G/5G 等。这样，节点在完成数据交换后可以及时把相关信息上报给平台。此外，依据文献[13]和[14]，把任意两个节点 N_i 和 N_j 之间的接触看作服从参数为 $\lambda_{i,j}$ 的齐次泊松分布，这是建模的基础。

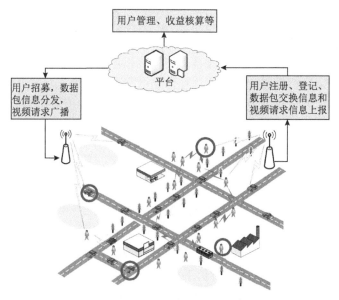

图 7-1　节点协作激励的机会网络架构

在本章的机制设计中，为了避免节点间数据交换启动困难的问题，首先给每一个初次参与视频传输的节点分配一定额度的"货币"作为启动资金。本书规定视频传输服务并不是免费的，因此每个请求视频的节点在数据接收后都要给其他节点支付一定的报酬。这刺激了网络中的所有节点必须利用启动资金去赚取更多的货币，以便用来购买自己需要的视频服务。因此，把网络中的节点看成零售商，可以直接通过货币买卖商品来赚取差价，也可以采用以物易物的方式换取对自己具有较高价值的商品来间接增加自己的财富。同时，对于同一个数据包，网络中会有很多副本，数据请求节点只会为其收到的第一个副本支付报酬，因为其他数据包的副本已经没有价值。这样，通过对每个视频数据包的动态进行定价，利用用户的逐利性驱使视频数据包在该虚拟市场中向数据请求节点流动。

视频数据包被当作商品在虚拟市场中进行交换，因此如何实时计算出其真实价值是激励机制设计的基础，首先介绍视频数据包的动态定价机制。激励机制设计的关键是如何刺激逐利的节点相互协作来进行数据交换，因此当携带数据包的节点和另一个没有携带数据包的节点"相遇"时，如何鼓励前者把数据包"卖"给后者并使得双方的收益最大化是激励机制设计的一个重要部分，本章将介绍数据包在节点对之间的交易机制。当两个节点相遇时，如果双方都携带有数据包，如何进行数据包对的选择使得交换双方的收益最大化是激励机制设计中的另一个关键部分，因此本章还将介绍数据包在节点间的交换机制。本章把上述两种过程都看成一个双人协作博弈（two-person cooperative game），将基于纳什均衡分别给出其最优解。

7.4　面向视频质量的传输激励机制设计

7.4.1　视频数据包的动态定价

在视频数据传输过程中，把每个视频数据包当作可以自由买卖和交换的商品，其价格主要由两个方面的因素来决定，即视频数据包本身在视频重建过程中的重要性和该视频数据包在网络中的副本数。利用经济学的术语来讲，视频数据包这个商品的价格由其自身的价值和市场的供求关系决定。视频数据包对视频重建的重要性是其自身价值的体现。数据包在网络中的副本数量代表该商品的供应量，而需求是一定的。

在第 4 章中，在对视频传输质量建模的过程中，提出了一个概念，即视频数据包的边缘质量增益（marginal quality gain，MQG），其在综合视频数据包重要性和网络中扩散情况等因素的基础上量化了该视频数据包对视频重建质量的期望增益。因此，在激励机制设计中，把视频数据包的边缘质量增益作为节点间视频数据包进行交换的价格度量。

假设视频段 V 是某一节点所请求的视频数据,在时刻 t ,其在网络中总计有 $K_{\mathrm{I}}(t)$ 个不同的 I 类型的视频数据包。对于 I 类型的第 i ($i \in [1, K_{\mathrm{I}}(t)]$) 个视频数据包,用 $T_{\mathrm{I},i}(t)$ 表示其已经消耗的生存时长, $M_{\mathrm{I},i}(T_{\mathrm{I},i}(t))$ 表示其"经历"过的节点数量(不包括源节点), $N_{\mathrm{I},i}(T_{\mathrm{I},i}(t))$ 表示在时刻 t 视频数据包 i 在网络中的副本数(每一个节点最多只能拥有一个相同数据包的一个副本)。此外,用符号 $R_{\mathrm{I},i}(t)$ 代表该数据包剩余的生存时长,则依据式(4-2), I 类型的视频数据包 i 的边缘质量增益为

$$\Delta Q_{\mathrm{I},i} = \left(\frac{\partial Q}{\partial R_{\mathrm{I}}} \right) \left(\frac{\partial R_{\mathrm{I}}}{\partial N_{\mathrm{I},i}(T_{\mathrm{I},i}(t))} \right) \tag{7-1}$$

那么, I 类型的视频数据包 i 在时刻 t 每个副本的真实价格就定义为

$$W_{\mathrm{I},i} = \left(\frac{\partial Q}{\partial R_{\mathrm{I}}} \right) \left(\frac{\partial R_{\mathrm{I}}}{\partial N_{\mathrm{I},i}(T_{\mathrm{I},i}(t))} \right) \tag{7-2}$$

同样,可以分别求得时刻 t 网络中第 i 个 P 类型的视频数据包和第 i 个 B 类型的视频数据包的每一个副本的真实价格为

$$\begin{cases} W_{\mathrm{P},i} = \left(\dfrac{\partial Q}{\partial R_{\mathrm{P}}} \right) \left(\dfrac{\partial R_{\mathrm{P}}}{\partial N_{\mathrm{P},i}(T_{\mathrm{P},i}(t))} \right) \\[4mm] W_{\mathrm{B},i} = \left(\dfrac{\partial Q}{\partial R_{\mathrm{B}}} \right) \left(\dfrac{\partial R_{\mathrm{B}}}{\partial N_{\mathrm{B},i}(T_{\mathrm{B},i}(t))} \right) \end{cases} \tag{7-3}$$

在视频段 V 的传输过程中,每个视频数据包在网络中的副本数是一个变量,因此其副本的真实价格也是动态变化的。所以,在每次进行数据交易或者交换前,节点双方需要对每个视频数据包的价格进行更新。

7.4.2 视频数据包的交易机制

当携带视频数据包的节点与另一个没有携带视频数据包的节点相遇时,按照激励机制的初衷,前者应该把其携带视频数据包的副本传递给后者。但是,由于节点的逐利性,前者不会主动这样做,除非后者会为这些视频数据包的副本支付一定的报酬。这是由于,根据视频数据包的动态定价机制,当节点把这些副本传递给另一个节点时,网络中该视频数据包的副本总量会增加,进而每个副本价格会降低。对于没有视频数据包的移动节点,其也愿意从携带视频数据包的节点购买一定量的视频数据包,因为它可以通过再次出售来赚取差价。因此,唯一的障碍就是如何给每个视频数据包找到一个双方都能够接受的价格。

假设移动节点 N_a 在时刻 t 遇到节点 N_b，同时，在网络中总计有 X 个视频段在进行传输。假设在移动节点 N_a 的共享存储中总计有 O 个视频数据包，分别用 $O_{I,k}$、$O_{B,k}$ 和 $O_{P,k}$ 表示其存储区中属于视频段 V_k $(1 \leqslant k \leqslant X)$ 的 I、B 和 P 类型的视频数据包的数量，则有

$$\sum_{k=1}^{X} O_{I,k} + \sum_{k=1}^{X} O_{B,k} + \sum_{k=1}^{X} O_{P,k} = O \qquad (7\text{-}4)$$

假设用来购买视频段 V_k 的第 i 个 I 类型的视频数据包的价格是 $R_{I,k,i}$，第 i 个 P 类型的视频数据包和第 i 个 B 类型的视频数据包的价格分别是 $R_{P,k,i}$ 和 $R_{B,k,i}$，则协商一致的价格应该满足下述要求：

$$\begin{cases} \mathscr{R}_a = \max \left\{ \begin{aligned} & \sum_{k=1}^{X} \sum_{i=1}^{O_{I,k}} \left[R_{I,k,i} - (W_{I,k,i}^o - W_{I,k,i}) \right] \\ & + \sum_{k=1}^{X} \sum_{i=1}^{O_{P,k}} \left[R_{P,k,i} - (W_{P,k,i}^o - W_{P,k,i}) \right] \\ & + \sum_{k=1}^{X} \sum_{i=1}^{O_{B,k}} \left[R_{B,k,i} - (W_{B,k,i}^o - W_{B,k,i}) \right] \end{aligned} \right\} \\[2em] \mathscr{R}_b = \max \left\{ \begin{aligned} & \sum_{k=1}^{X} \sum_{i=1}^{O_{I,k}} (W_{I,k,i} - R_{I,k,i}) \\ & + \sum_{k=1}^{X} \sum_{i=1}^{O_{P,k}} (W_{P,k,i} - R_{P,k,i}) \\ & + \sum_{k=1}^{X} \sum_{i=1}^{O_{B,k}} (W_{B,k,i} - R_{B,k,i}) \end{aligned} \right\} \end{cases} \qquad (7\text{-}5)$$

其中，$\mathscr{R}_a$ 和 $\mathscr{R}_b$ 分别表示移动节点 N_a 和 N_b 从这次视频数据包交易中获取的收益；$W_{I,k,i}^o$、$W_{P,k,i}^o$ 和 $W_{B,k,i}^o$ 分别表示其交易前的真实价格；$W_{I,k,i}$、$W_{P,k,i}$ 和 $W_{B,k,i}$ 分别表示其交易后的真实价格。

本章把该数据包交易的过程看作一个双人协作博弈，对交易价格的求解将在 7.4.4 节进行介绍。

7.4.3　视频数据包的交换机制

当两个携带视频数据包的移动节点相遇时，它们与不同目的节点的接触概率不同，因此来自不同视频段的数据包对双方的价值是不同的。由于节点的逐利性，

两个节点会相互交换数据包信息并挑选合适的数据包对进行交换，从而最大化各自的收益。这恰巧符合激励机制设计的本意。因此，主要的问题就是如何挑选合适的移动节点对使得双方的需求都能得到满足。

假设移动节点 N_c 在时刻 t 遇到移动节点 N_d。用 $P_{c,k}$ 表示移动节点 N_c 和视频段 V_k 请求节点之间的接触概率，用 $P_{d,k}$ 表示移动节点 N_d 和视频段 V_k 请求节点之间的接触概率。假设移动节点 N_c 携带的视频数据包总数为 O_c，其中属于视频段 V_k 的数据包为 $O_{c,k}^o$，很显然有

$$\sum_{k=1}^{X} O_{c,k}^o = O_c \tag{7-6}$$

数据交换之后，假设移动节点 N_c 中属于视频段 V_k 的数据包个数为 $O_{c,k}$。节点间的数据包是成对交换的，因此有

$$\sum_{k=1}^{X} O_{c,k} = O_c \tag{7-7}$$

同样，对移动节点 N_d 来说，O_d、$O_{d,k}^o$ 和 $O_{d,k}$ 具有与移动节点 N_c 相同的意义，因此也有

$$\begin{cases} \sum_{k=1}^{X} O_{d,k}^o = O_d \\ \sum_{k=1}^{X} O_{d,k} = O_d \end{cases} \tag{7-8}$$

则交换的数据包对应该满足下述条件：

$$\begin{cases} \mathscr{R}_c = \max \left\{ \sum_{k=1}^{X}\left(\sum_{j=1}^{O_{c,k}} W_{c,k,j}\right)P_{c,k} - \sum_{k=1}^{X}\left(\sum_{i=1}^{O_{c,k}^o} W_{c,k,i}\right)P_{c,k} \right\} \\ \mathscr{R}_d = \max \left\{ \sum_{k=1}^{X}\left(\sum_{j=1}^{O_{d,k}} W_{d,k,j}\right)P_{d,k} - \sum_{k=1}^{X}\left(\sum_{i=1}^{O_{d,k}^o} W_{d,k,i}\right)P_{d,k} \right\} \end{cases} \tag{7-9}$$

其中，$\mathcal{R}_c$ 和 $\mathcal{R}_d$ 分别表示移动节点 N_c 和 N_d 在这次数据包对交换中的收益；$W_{c,k,i}$ 表示移动节点 N_c 携带的属于视频段 V_k 的第 i 个视频数据包当前的真实价格；$W_{d,k,j}$ 对节点 N_d 来说意义相同，可以依据数据包的类型利用式（7-2）或式（7-3）进行计算。

　　本章也把该数据包对交换的过程看作一个双人协作博弈，将在 7.4.4 节讲述数据包对的选择方法。

7.4.4　基于双人协作博弈的贪婪算法

　　把上述两种数据传输过程都看作双人协作博弈，本节首先对双人协作博弈进行简单介绍，然后利用贪婪算法对上述过程进行求解。

1. 双人协作博弈简介

　　该模型首先在文献[15]中提出，假设博弈的双方都是自私但理性的。博弈双方的理性是协作的基础，而博弈双方的自私性可能是协作的诱因，也可能是协作的障碍，这主要取决于协作的结果能否给双方都带来收益。博弈双方有不同的目标和利益冲突，因此最终达成的博弈结果要能够同时提升双方的收益。下面的定理给出了最终双方都认可的博弈结果应该满足的条件。

　　定理 7-1（纳什定理）[16]　满足不变性、对称性、独立性和帕累托最优的双人协作博弈的解如下：

$$(s_1^*, s_2^*) = \mathop{\arg\max}_{(s_1,s_2)\in S} \{(s_1 - d_1)(s_2 - d_2)\} \tag{7-10}$$

其中，(s_1^*, s_2^*) 表示最优解，也称为纳什解；s_1^* 和 s_2^* 分别表示在纳什解中博弈双方的收益；s_1 和 s_2 表示双方各自的收益；(s_1, s_2) 组成了收益空间 S；(d_1, d_2) 表示在收益空间 S 的状态点，表示在完全没有协作状态下博弈双方的收益；$(s_1 - d_1)(s_2 - d_2)$ 称为纳什乘积。

　　从定理 7-1 可以看出，双人协作博弈其实是一个讨价还价的过程，博弈双方在尽可能保护自己收益最大化的同时，通过相互妥协来处理其间的收益冲突，最终达成的纳什解对双方是公平和帕累托最优的。但是，要想达到上述的纳什解需要经过无数轮的讨价还价，这在实际应用中是不现实的，下面将基于该定理利用贪婪算法给出上述两种数据包传输机制中双人协作博弈的近似最优解。

2. 数据包交易最优定价计算

　　对于数据包 i，最初移动节点 N_a 想以 $s_{1,1}$ 的价格卖出，而移动节点 N_b 想以 $s_{1,2}$

的价格买入，很显然有 $s_{1,1} \gg s_{1,2}$。因此，在接下来的讨价还价中，它们的出价分别是 $(s_{2,1}, s_{2,2})$，$(s_{3,1}, s_{3,2})$，$\cdots$，$(s_{n,1}, s_{n,2})$。假设最终在第 n 轮的讨价还价中达成一致，则应该有 $s_{n,1} = s_{n,2}$。假设属于视频段 V_k 的第 i 个 I 类型的视频数据包的最终交易价格为 $R_{\mathrm{I},k,i}^*$，下面介绍如何对其进行直接求解。

在数据包交易的过程中，交易双方都想使各自的收益最大化。很显然其目标是相互对立的，双方必须妥协，否则各自的收益只能为零。依据定理 7-1，最终的纳什解应该使得纳什乘积最大化，因此唯一解就是交易双方从这次交易中获得相等的收益。因此，有

$$R_{\mathrm{I},k,i} - (W_{\mathrm{I},k,i}^o - W_{\mathrm{I},k,i}) = W_{\mathrm{I},k,i} - R_{\mathrm{I},k,i} \tag{7-11}$$

则属于视频段 V_k 的第 i 个 I 类型的视频数据包的最终交易价格为

$$R_{\mathrm{I},k,i}^* = \frac{W_{\mathrm{I},k,i}^o}{2} \tag{7-12}$$

同时，$R_{\mathrm{I},k,i}^*$ 还应该满足下述条件：

$$\begin{cases} R_{\mathrm{I},k,i}^* - (W_{\mathrm{I},k,i}^o - W_{\mathrm{I},k,i}) > 0 \\ W_{\mathrm{I},k,i} - R_{\mathrm{I},k,i}^* > 0 \end{cases} \tag{7-13}$$

同样，本章还可以依据视频数据包的类型计算其他交易视频数据包的最终价格。

至此，移动节点 N_a 可以计算出其携带的每个视频数据包在完成交易后能够获得的收益。由于节点的移动性和有限的传输带宽，在 N_a 和 N_b 的接触中只能完成有限个视频数据包的传输，移动节点 N_a 为了使得每次接触的收益最大化，会对携带的视频数据包按照收益进行排序，依照从高到低的顺序对其进行复制、转发。

3. 最优交换节点对选择方法

当移动节点 N_c 遇到移动节点 N_d 时，首先会进行数据包信息交换，然后各自依次选择一个数据包和对方进行交换。为了使得各自收益最大化，节点对的选择也是一个讨价还价的过程。为了解决该问题，每次只考虑一对数据包，采用简单的启发式算法进行求解。

移动节点 N_c 和 N_d 携带的视频数据包的集合分别用 U_c 和 U_d 进行表示。从集合 U_c 中随机挑选一个数据包，如属于视频段 V_k $(1 \leqslant k \leqslant X)$ 的第 i 个数据包。同样，从集合 U_d 中随机挑选一个数据包，如属于视频段 V_r $(1 \leqslant r \leqslant X)$ 的第 j 个数据包。假设这两个数据包构成了一个交换节点对，则双方的收益为

$$\begin{cases} \mathcal{R}_c^* = W_{d,r,j}P_{c,r} - W_{c,k,i}P_{c,k} \\ \mathcal{R}_d^* = W_{c,k,i}P_{d,k} - W_{d,r,j}P_{d,r} \end{cases} \tag{7-14}$$

如果双方不进行协作，则没有节点对进行交换，因此纳什乘积中的状态点为 $(0,0)$，纳什乘积变为 $\mathcal{R}_c^* \times \mathcal{R}_d^*$。通过这种方式可以计算出任何可能的节点对进行交换后双方收益的纳什乘积。节点在一次接触中只能进行有限对的数据包交换，依据纳什定理，为了最大化双方的收益，节点只需要按照纳什乘积从大到小的顺序对节点对进行交换即可。

7.4.5　视频传输优化分析

从式（7-11）和式（7-12）中可知，如果属于视频段 V_k 的第 i 个视频数据包在两个移动节点之间成功传输，则两个移动节点分别可以获得如下收益：

$$\mathcal{R}_{k,i} = W_{k,i} - \frac{W_{k,i}^o}{2} \geqslant W_{k,i} - W_{k,i}^o \tag{7-15}$$

依据视频数据包的定价规则，其在网络中的副本数越少，视频重建的重要性越高，$W_{k,i} - W_{k,i}^o$ 值就越大，节点从该数据包的交易中获得的收益也就越高。这就意味着，节点为了获取更多的收益，在遇到数据交换机会时，都会把边缘质量增益高的视频数据包进行优先传输，这恰好符合本书第 2 章提出的视频传输优化准则。

当两个都携带视频数据包的节点相遇时，它们会拿出对其来说价值较低的数据包从对方换取对自己来说价值较高的数据包。依据式（7-5），如果节点携带的某一个视频数据包具有较高的边缘质量增益且其另一个节点与其目的节点相遇的概率更大，则该数据包会被优先交换，这恰好符合视频传输优化准则。因此，本章的激励机制能够对视频的传输质量进行优化。

7.5　实验与分析

首先对仿真环境进行介绍，然后分别基于人工合成的移动轨迹和真实的移动轨迹对本章激励机制的性能进行评估。

7.5.1　仿真环境介绍

为了对提出的激励机制进行评估，仍然利用在第 4 章中介绍的基于 NS-2[17]

的仿真环境对其性能进行验证。在该仿真环境中，每个节点利用协议 802.11b 与其他节点进行通信，并设定其通信半径为 100m。每个节点的存储区被分为两个队列，其中一个队列专门存放自己产生的数据包，而另一个队列只能存放其他节点产生的数据包。前一个队列较长，能够容纳所有属于自己的数据包；而后一个队列较短，最多仅能容纳 128 个数据包。此外，本章基于两种类型的数据集对节点的运动情况进行模拟，一种为基于随机路点模型的合成数据集，另一种则是从现实生活中收集的真实的移动轨迹 KAIST。为了对视频传输进行模拟，本章仍然采用标准的视频序列 "foreman. qcif" 作为源数据。

7.5.2　性能评估和比较分析

1. 对比协议简介

尽管在 7.2 节已经对移动机会网络中激励机制设计的相关工作进行了介绍，但是与本章最为接近的工作应该是文献[11]。在该文献中，每个需要传输的数据包都被视为商品，在节点之间进行买卖。虽然该文献考虑了一般数据传输，并把数据包按照不同的兴趣进行分类，但为了便于比较和分析，将其提出的机制称为基于兴趣的激励（interest-based incentive）机制。而在本章的激励机制设计中，不仅把数据包看成商品，而且考虑数据包本身的差异性和其在网络中的扩散情况后对其进行动态定价。这种激励机制下数据包在节点间的传输是一个讨价还价的过程，因此把其命名为 Vbargain。此外，还假设网络中不存在自私节点，即全协作（full cooperation）模式，然后通过仿真和本章的激励机制进行对比。

2. 基于人工数据集的实验结果及对比分析

基于移动模型的随机路点模型产生的人工合成数据集包括 60 个节点，其活动区域为 1000m × 1000m。在该模型中，每个节点的最大移动速度设为 10m/s，到达任一点后的等待时间是 0s。在仿真中，网络中同时有 5 个视频段在传输，所有的数据包具有相同的 TTL。对每一个 TTL 值，仿真过程重复 5 次，每次有效仿真时间是（TTL+13.3）s。此外，在进行仿真时，所有的源节点和目的节点随机选取。

图 7-2 给出了基于合成数据集的仿真结果。如图 7-2 所示，分别用可解帧比例和 PSNR 来对激励机制的性能进行度量。首先对其可解帧比例进行对比，从图 7-2（a）发现了以下现象。

（1）利用三种机制进行视频传输的可解帧比例都随着 TTL 的增长而增大。这说明，无论选择哪一种激励机制，随着数据包生存时长的增加，将会有更多的视频数据包被成功地投递到目的节点，并且有更多的视频帧在目的节点被成功解码。

（2）本章的激励机制 Vbargain 的性能与网络无自私节点情况下的网络性能之间有一定的差距，但是差距较小。这表明，本章的激励机制能够很好地激励节点进行视频数据传输，但是一些不能为节点带来较高收益的数据包仍然无法得到有效传输。

（3）基于兴趣的激励机制的性能和 Vbargain 之间的差距较大。主要原因如下：首先，前者主要为一般数据传输而设计，并没有考虑数据本身的差异性，而本章的激励机制不仅考虑到视频数据包之间的差异性，还考虑到其在网络中的扩散度；其次，前者只考虑到节点双方都携带数据包时的数据交换激励，而没有考虑携带数据包的节点与没有携带数据包的节点之间的数据传输激励，而在 Vbargain 中，给注册用户分配一定的启动资金，通过节点间的数据包交易来解决该问题，从而加快了数据包在网络中的扩散速度。

为了更加直观地展示上述激励机制的性能，图 7-2（b）中给出了重建视频的 PSNR 对比。从中可以很清晰地看出，再次验证了上述分析。

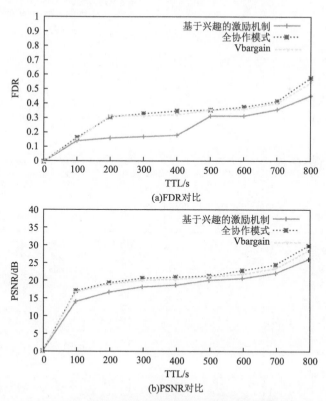

(a)FDR对比

(b)PSNR对比

图 7-2　基于随机移动模型的激励机制性能对比

3. 基于真实数据集的实验结果及对比分析

为了进行更加充分的性能验证，基于真实的数据集 KAIST 进行仿真实验。

该数据集总共收集了 92 个携带 GPS 终端的用户在约为 10000m×10000m 的面积内持续时间为 24h 的移动轨迹数据。在仿真过程中，为数据包分别选择四个 TTL 值，即 500s、1000s、1500s 和 2000s；同时，对每一 TTL 值，仿真重复 5 次。此外，还对并发传输视频段个数 X 进行调整，以观察其对上述激励机制性能的影响。

本章仍然采用可解帧比例和 PSNR 来对上述激励机制的性能进行度量。图 7-3（a）、图 7-3（b）和图 7-3（c）分别给出了当并发传输的视频段个数为 1、5 和 10 时各激励机制的可解帧比例仿真结果对比，而图 7-4（a）、图 7-4（b）和图 7-4（c）分别给出了当并发传输视频段个数为 1、5 和 10 时视频重建质量仿真结果对比。从这些图中除了观察到与基于合成数据集相似的结果外，还发现：

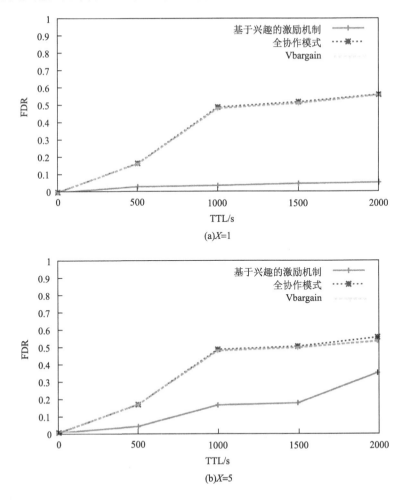

(a).X=1

(b).X=5

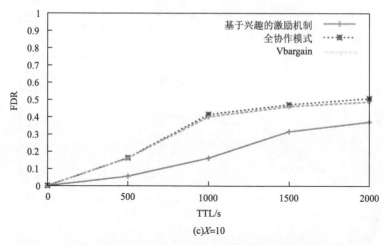

(c)X=10

图 7-3　不同的激励机制基于真实移动轨迹的可解帧比例仿真结果对比

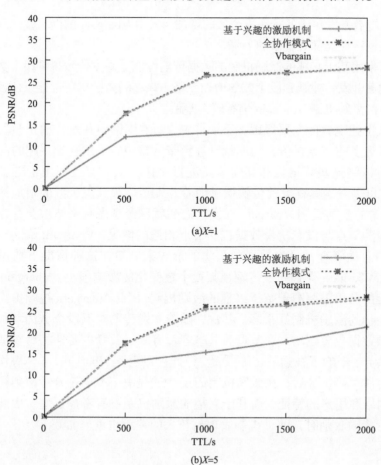

(a)X=1

(b)X=5

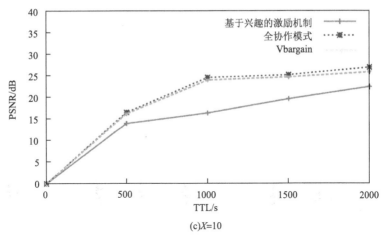

(c)X=10

图 7-4　不同的激励机制基于真实移动轨迹的视频重建质量仿真结果对比

（1）随着并发传输的视频段个数的增加，采用 Vbargain 的网络性能和全协作模式下的网络性能都有轻微的下降。

（2）采用基于兴趣的激励机制的数据传输性能受并发传输视频段个数的影响较大。随着并发传输视频段个数的增加，基于兴趣的激励机制性能有所改善，但是与本章的激励机制 Vbargain 仍有较大差距。

造成上述现象的主要原因如下。首先，随着网络中并发传输视频段个数的增加，有更多的节点在仿真初期就已经携带数据包，采用基于兴趣的激励机制的节点可以将这些数据包和其他节点进行交换，从而有效利用了更多传输机会，因此可以看到其视频的传输质量随着并发传输视频段个数的增加而得到改善；而本章的激励机制 Vbargain 在设计之初就已经考虑到网络中会存在大量携带数据包的节点与没有携带数据包的节点相遇的情况，Vbargain 给这些节点分配一定的启动资金，通过数据包买卖的形式来刺激在这种情况下数据包的传播，所以 Vbargain 受到并发传输视频段个数变化的影响很小。Vbargain 对节点接触机会的利用率要高于基于兴趣的激励机制，因此 Vbargain 视频传输性能也比基于兴趣的激励机制好很多。其次，随着并发传输视频段个数的增加，网络中的视频数据包急剧增加，节点的共享容量有限，大量重要性相对较低的数据包会被丢弃，影响了视频的传输质量，因此可以看到 Vbargain 和全协作模式的性能都有所下降。最后，在激励机制的设计过程中，本章充分考虑到视频数据自身、网络和用户的特征，而基于兴趣的激励机制没有考虑这些，因此当其被用来进行传输激励时，两种机制表现出较大的差距也就非常正常。

7.6　本　章　小　结

为了解决移动机会网络中节点数据传输自私性的问题，本章提出了一个面向视频质量的激励机制。在该机制中，把视频数据包看作可以在节点间自由交换的商品，并考虑其自身的特性和网络的特点为其设计了动态定价机制。基于数据包的动态定价，把数据包在节点间传输时的两种情况，即数据包交易和数据包交换，分别看成一个讨价还价的过程，并利用双人协作博弈进行建模。利用节点的逐利性，该机制可以驱使节点积极进行视频数据包的传输。视频数据包的定价表征其对视频重建质量的价值期望，而价格高的视频数据包在传输过程中会给节点带来更高的收益，因此节点会优先传输对视频重建质量有较高增益的视频数据包，从而实现了对视频传输质量的优化。基于人工合成的数据集和真实数据集的仿真结果也验证了本章所设计的激励机制在视频传输过程中的有效性。

参 考 文 献

[1] Ma H D, Zhao D, Yuan P Y. Opportunities in mobile crowd sensing. IEEE Communications Magazine, 2014, 52(8): 29-35.

[2] Yang D J, Xue G L, Fang X, et al. Crowdsourcing to smartphones: incentive mechanism design for mobile phone sensing//Proceedings of the 18th Annual International Conference on Mobile Computing and Networking, Istanbul, 2012: 173-184.

[3] Zhao D, Li X Y, Ma H D. How to crowdsource tasks truthfully without sacrificing utility: online incentive mechanisms with budget constraint//IEEE INFOCOM 2014-IEEE Conference on Computer Communications, Toronto, 2014: 1213-1221.

[4] Luo T, Tan H P, Xia L R. Profit-maximizing incentive for participatory sensing//IEEE INFOCOM 2014-IEEE Conference on Computer Communications, Toronto, 2014: 127-135.

[5] Fu L Y, Wang X B, Kumar P R. Optimal determination of source-destination connectivity in random graphs//Proceedings of the 15th ACM International Symposium on Mobile Ad Hoc Networking and Computing, Philadelphia, 2014: 205-214.

[6] Fu X Z, Xu Z Y, Peng Q Y, et al. Complexity vs. optimality: unraveling source-destination connection in uncertain graphs//IEEE INFOCOM 2017-IEEE Conference on Computer Communications, Atlanta, 2017: 1-9.

[7] Fu L Y, Wang X B, Kumar P R. Are we connected? Optimal determination of source-destination connectivity in random networks. IEEE/ACM Transactions on Networking, 2017, 25(2): 751-764.

[8] Shevade U, Song H H, Qiu L L, et al. Incentive-aware routing in DTNs//2008 IEEE International Conference on Network Protocols, Orlando, 2008: 238-247.

[9] Mei A, Stefa J. Give2get: forwarding in social mobile wireless networks of selfish individuals.

IEEE Transactions on Dependable and Secure Computing, 2010, 9(4): 569-582.

[10] Chen B B, Chan M C. Mobicent: a credit-based incentive system for disruption tolerant network//2010 Proceedings IEEE International Conference on Computer Communications, San Diego, 2010: 1-9.

[11] Ning T, Yang Z P, Xie X J, et al. Incentive-aware data dissemination in delay-tolerant mobile networks//2011 8th Annual IEEE Communications Society Conference on Sensor, Mesh and Ad Hoc Communications and Networks, Salt Lake City, 2011: 539-547.

[12] Zhou H, Wu J, Zhao H Y, et al. Incentive-driven and freshness-aware content dissemination in selfish opportunistic mobile networks. IEEE Transactions on Parallel and Distributed Systems, 2014, 26(9): 2493-2505.

[13] Gao W, Li Q, Zhao B, et al. Multicasting in delay tolerant networks: a social network perspective//Proceedings of the Tenth ACM International Symposium on Mobile Ad Hoc Networking and Computing, Santiago, 2009: 299-308.

[14] Conan V, Leguay J, Friedman T. Fixed point opportunistic routing in delay tolerant networks. IEEE Journal on Selected Areas in Communications, 2008, 26(5): 773-782.

[15] Nash J. Two-person cooperative games. Journal of the Econometric Society, 1953, 21(1): 128-140.

[16] Peters H J. Axiomatic Bargaining Game Theory. Holland: Springer, 2013.

[17] Information Sciences Institute. The network simulator NS-2. http://www.isi.edu/nsnam/ns/ [2011-8-26].

第 8 章 质量开销均衡的视频传输副本控制机制

8.1 引 言

移动用户间日益普及的视频数据传输使得传统无线通信网络上的流量爆炸性增长问题愈发严重，而基于 D2D（device-to-device）通信的数据机会传输被认为是能够实现数据卸载的有效方法。然而，在移动机会网络中的数据传输主要通过数据复制和机会转发实现。为了获得较高的投递率和较低的传输时延，数据复制往往被过度使用，冗余的数据包不仅会消耗大量的设备和网络资源，还会增加网络的传输负载，降低网络性能。对于视频数据传输，其较强的持续性和远高于一般标量数据的数据量，使得该问题更加突出。基于此，本章提出一种面向多用户场景的视频机会传输副本控制算法，以实现视频传输质量和传输开销之间的均衡。

8.2 问 题 提 出

微电子和无线通信技术的飞速发展使得智能终端设备在近十年间得到了快速普及，而其内嵌的各种传感设备也赋予了人们对外部环境进行视频感知的能力。同时，受益于移动互联网的快速发展，视频数据可以随时随地在用户间分享，并能够为用户提供各种应用和服务[1-5]。但是，移动设备的激增带来了移动数据流量的爆炸式增长，而其中的视频数据占据很大比例，依据思科公司的预测，该比例值在 2025 年末将达到 95%[6]。然而移动数据流量主要通过移动蜂窝网络（4G/5G、LTE）进行传输，尽管移动通信技术在最近几年得到了长足发展，但其仍然无法满足海量数据流在传输速率和网络容量等方面的需求[7]。

把需要通过移动蜂窝网络进行传输的移动数据流通过其他辅助的网络和手段进行传输和分流，称为移动数据卸载（mobile data offloading）。目前，移动数据卸载被认为是能够解决上述困境的最有效方法[8-10]。Wi-Fi 热点常作为移动蜂窝网络的辅助手段来进行数据传输，但由于受部署成本和传输距离等因素的限制，很难在一个广域范围内组成一个全覆盖的无线网络来提供数据传输服务。因此，如何进行便捷、高效的移动数据卸载，尤其是视频数据卸载，已成为当前学术界和工业界广泛关注的问题。针对该问题，本章提出通过移动机会网络基于用户间的机会传输进行视频数据卸载。图 8-1 给出一个具体的应用实例。在城市环境下，移动用户和配置智能终端的车辆组成一个移动机会网络。用户 A 可以充分利用设备间的机会接触通过无线多跳的方式把视频数据投递给用户 B，而不是通过移动蜂窝网络进行数据传输。这样，通过一系列有序的 D2D 数据通信成功实现移动蜂窝网络的视频数据卸载。

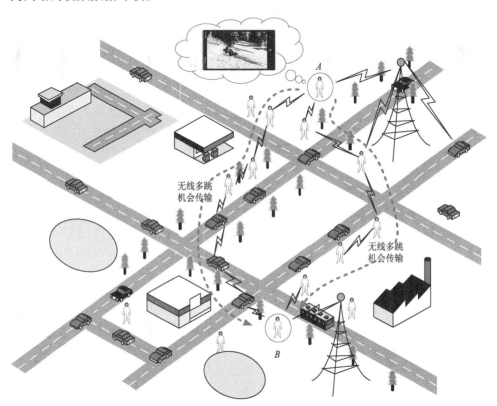

图 8-1　视频数据通过机会传输实现流量卸载实例

　　尽管上述方法能够有效实现数据卸载，但视频数据通过移动机会网络进行传输时仍面临下述两个具有挑战性的问题。当数据通过移动机会网络进行传输时，为了提高传输质量（投递率和传输时延等），往往采用多副本的方式进行数据投递。过多的数据副本不仅会浪费大量的设备资源（存储、带宽等），还会增加网络传输开销，降低投递性能。相对于一般数据（温度、湿度等），视频数据具有较强的传输持续性和较大的数据量，所以该问题对视频数据传输来说尤为突出。因此，为了有效控制数据冗余，视频数据机会传输面临的第一个挑战就是当传输机会来临时，如何对视频数据包复制或直接转发来进行自适应判决。另外，多用户相遇是移动机会网络中的常态，同时相遇的移动用户会形成动态连通的子网，虽然其拓扑持续时间较短，但给视频数据传输提供了良好机会。因此，视频机会传输面临的第二个挑战是，当多用户相遇时，如何对视频数据包的转发或者复制目标进行自适应判决。

　　针对移动机会网络中一般数据的传输问题，已经存在很多算法和机制，但基于下述原因，其无法直接适用于视频数据的机会传输。首先，视频数据在本质上和一般数据有很大差异，在设计路由算法时应充分考虑其独特性，如持续性、局部相关性等；其次，路由算法设计的性能目标存在较大差异，一般数据传输主要把投递率和传输时延作为性能度量的标准，而视频数据传输则把传输质量作为路由算法设计的性能衡量指标，不仅包括传输时延，还包括视频数据的重建质量；最后，现有机会路由算法主要考虑两节点间的数据传输，而在城市环境中多节点相遇是常态，考虑多节点间的数据交换能给数据传输质量提供更大的提升和优化空间。

　　因此，针对上述问题，本章提出一种基于多用户协作博弈的视频机会副本控制算法（video opportunistic replica control based on multi-player cooperative game，VOR-MG），其不仅能够使得视频传输质量最优化，同时能够降低数据包的平均最大副本数，从而使得网络的传输开销最小化。具体来讲，首先，考虑视频数据本身和网络特征对视频传输质量进行建模，并且基于该模型构建效用函数；然后，把相遇的多个节点看作一个连通的网络，并把其间的数据交换过程建模为一个多用户协作博弈的过程；最后，基于几何空间表示方法计算出该博弈的近似最优纳什解，各相遇节点都依据该最优解分别进行数据的复制或者转发。

8.3　相关工作介绍

　　如何降低网络传输开销是数据机会传输面临的一个非常重要的问题，其从移动机会网络出现之初就引领着机会路由算法的发展，是贯穿数据机会传输研究的脉络；同时，国内外专家和学者较早就对该问题展开了研究，并做了大量卓有成效的工作[11-24]。从传输开销的角度来划分，移动机会网络中的路由算法可以分为两类：单副本路由算法和多副本路由算法。多副本路由算法可以按照数据包复制的方法进一步细分为先决性路由算法和自适应路由算法。

　　在数据传输过程中，单副本路由算法仅把数据包转发给其他节点，而不产生新的副本。Direct Delivery[13]是单副本路由算法的一个典型例子，在实施过程中，源节点只有在遇到目的节点的情况下才会把数据转发出去。First Contact[14]也是一种单副本路由算法，但其能够基于预测选择中继节点，通过多次转发进行数据投递。文献[15]也属于该类型，其主要基于时间齐次的半马尔可夫模型对两个节点间的接触情况进行预测。

　　尽管单副本路由算法具有资源消耗少、网络负载低等优点，但其数据传输质量相对较差。因此，人们开始对多副本路由算法展开研究，以设备和网络资源的消耗为代价换取较高的数据传输质量。Epidemic算法[16]是一种基于洪泛的、典型的多副本路由算法，以病毒感染的模式，通过数据包无限复制的方式进行数据传输。如果设备和网络资源不受限，则Epidemic算法可以达到最优的数据传输质量（投递率和传输时延），因此也常用作基准与其他算法进行比较。但是，在实际应用中，设备和网络资源都是有限的，大量冗余副本对设备和网络资源的过度消耗必然会严重降低数据的传输质量，因此人们开始考虑在设计路由算法时对数据包的副本数进行限制。第一类方法就是在数据包投递前就设定其传输过程中的最大副本数，本书称为先决性路由算法，Spray-and-Wait[17]是其最典型的代表，主要包含数据包复制扩散和直接投递两个阶段。前一阶段类似Epidemic算法，但是数据包最大副本数已经预先设定；而在后一阶段，携带副本的节点在遇到目的节点前不再对其进行转发或复制。Spray and Focus[18]也属于该类算法，可以看作对Spray and Wait算法的改进，其最大副本数也已经预先设定，不同点在于，当无法继续进行复制时，携带数据包的节点可以把数据包转发给效用值较高的节点进行数据中转。除此之外，上述方法的变种还有很多，如文献[19]～[21]等，感兴趣的读者可以自行查阅。

　　通过直接限制数据包的最大副本数，先决性路由算法可以有效降低网络负载和对设备及网络资源的消耗，但是并不能保证数据投递率、传输时延等指标达到最优，因此人们提出了自适应路由算法，能够以效用值的最优化为目标在数据投递过程中自适应地调整网络中每个数据包的最大副本数。Delegation Forwarding[22]是该类算法的典型代表，通过对前一时间段内转发实例的观察，基于自由停止理论进行转发决策，从而使得数据投递性能最优而数据传输开销最小。GameR算法[24]则把节点间的数据交换看作一个讨价还价的过程，利用博弈论来指导数据包的复制和转发，在保证数据投递性能的基础上使数据包的平均副本数最少。

　　但是，由于视频数据独有的特征和不同的传输质量要求，上述算法都无法用于对视频数据进行高效的机会传输。VideoFountain[25]通过在一些人流量较为密集的街道上部署一些类似"小货摊"的节点来存储多媒体数据，并通过Wi-Fi接入点把这些数据转发给经过的用户，从而实现多媒体数据的机会传输；但是，其仅把多媒体数据当作一个应用背景，路由算法的设计并没有考虑多媒体数据的任何特性。此外，还有很多和车联网中视频数据传输相关的工作，如文献[26]～[28]，但是车联网中的路由算法设计和一般移动机会网络中的路由算法有很大差异，前者可以充分利用城市道路的拓扑信息。

8.4   系统模型和问题建模

8.4.1   系统模型

在城市环境下，所有移动用户和配置移动智能终端的车辆都可以看作移动节点；而从网络的角度来看，这些节点以有意识或无意识的方式组成了一个移动机会网络。视频数据通过节点间的机会接触，利用 D2D 的方式进行数据传输。因此，视频数据卸载其实就是视频数据通过移动机会网络进行传输的过程。图 8-2 给出了视频数据卸载的系统模型，主要由两部分组成，即平台侧和用户侧。在平台侧，管理平台可以看作部署在传统网络中的一台服务器，主要负责参与用户的招募和管理、视频数据请求和响应管理、视频数据包扩散信息收集等，可以和移动用户通过移动蜂窝网络或者 Wi-Fi 网络进行通信和交互。在用户侧，所有的用户都在进行非受控自主移动，这期间可以通过 D2D 方式直接进行数据交换，同时每个用户还可以通过 4G/5G、Wi-Fi 接口与管理平台进行信息交互。当用户参与或者退出视频卸载任务时，必须及时通知管理平台，以便后者实时掌握参与用户的确切信息；

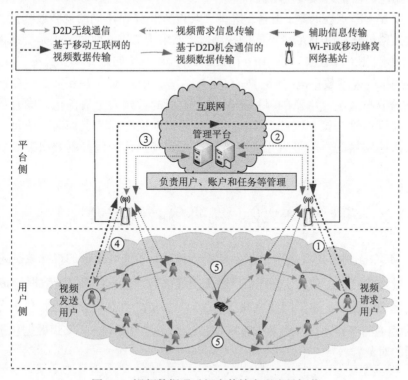

图 8-2   视频数据通过机会传输实现流量卸载

同时，当携带数据发生变化时，每个用户也要把变化情况以数据包的形式上报给管理平台。用户和数据包的信息可以用来对效用值和用户收益进行计算，从而辅助视频数据进行投递，本书也把这些数据称为控制信息。在视频数据传输的过程中，只有控制信息可以通过传统无线网络进行传输。在图 8-2 中，①～⑤给出了视频数据卸载的流程。如果一个用户想要获取一个视频段，首先应向管理平台发送请求信息（①、②）；管理平台收到请求信息后会把它发送给存储该视频的用户（③、④）；最终，后者会通过 D2D 的方式把请求的视频数据发送给视频请求用户。

8.4.2　问题建模

视频数据卸载的本质就是通过移动机会网络进行数据传输，从而使得移动数据流量绕过传统的移动蜂窝网络，要解决的根本问题是设计能够满足下述要求的高效视频机会路由算法：①使得视频重建质量最优化；②使得视频传输开销最小化；③适用于多用户相遇的场景。为了对该问题进行建模，首先给出如下定义。

定义 8-1（边缘质量增益）　对于一个在网络中进行投递的视频数据包，如果其被目的节点成功接收，则会对视频重建质量产生一定的影响，把该影响称为该视频数据包的期望边缘质量增益。

假设 N 个节点在时刻 t 相遇，这些节点共携带 M 个不同的视频数据包，而这些视频数据包分别属于 X 个不同的视频段。如果用二进制数对节点是否携带数据包进行表示，则对于任意节点 $n(n \in \{1, 2, \cdots, N\})$，可以用向量 $\beta_n = (\delta_{n,1}, \delta_{n,2}, \cdots, \delta_{n,M})$ 表示其携带的视频数据包，向量 $\beta = (\beta_1, \beta_2, \cdots, \beta_N)$ 表示 M 个视频数据包在这 N 个节点上的分布情况。本章的目标是使视频数据的重建质量最优化，同时尽可能地降低视频传输开销，因此要解决的问题可以描述为当节点相遇时使每个节点对视频重建质量的贡献最大化而尽可能地减少视频数据包复制的次数。该问题可以建模如下：

$$\beta^* \leftarrow \arg\max \sum_{n=1}^{N} \sum_{m=1}^{M} (\delta_{n,m} \cdot \mathrm{MQG}_{n,m} - \delta'_{n,m} \cdot \mathrm{MQG}'_{n,m}) \qquad （8\text{-}1）$$

其中，$\mathrm{MQG}'_{n,m}$ 和 $\mathrm{MQG}_{n,m}$ 分别表示数据传输前后节点 n 携带的视频数据包 m 的边缘质量增益；$\delta'_{n,m}$ 和 $\delta_{n,m}$ 分别表示数据交换前后节点 n 是否携带数据包 m；β^* 表示最优的向量 β，属于向量空间 $(\beta_1 \times \beta_2 \times \cdots \times \beta_N)$。这样，根据最优的分布向量 β^*，相遇的节点不仅知道数据包应该被转发还是被复制，还知道数据包被转发或复制的对象。

8.5　视频边缘质量增益模型

当视频在网络中传输时，首先被分割成很多视频数据包；若足够多的视频数据包被目的节点接收，则该视频数据包就可以进行重建。在视频数据包传输过程中，参与节点都会对其携带的数据包进行复制或者转发，但是去量化节点转发或者复制一个视频数据包对视频重建质量的贡献是非常困难的，原因主要来自视频数据本身和传输网络，本节将综合这两个方面的因素进行建模。

8.5.1　视频数据的帧结构

每个视频段都可以分成多个 GoP（group of pictures），而属于同一视频段的 GoP 具有相同的帧结构[29]。图 3-5 给出了一个 GoP 的帧结构示例，由固定数量的 I 帧、P 帧和 B 帧按照固定的顺序组成。帧的个数原则上可以是任意整数，为了方便描述，本章以 9 为例，每个帧依次标注为 I_1、B_1、B_2、P_1、B_3、B_4、P_2、B_5、B_6。当视频数据在网络中传输时，每个帧会被分割成多个数据包，因此网络中存在 I、B 和 P 三种类型的视频数据包。

由于压缩技术的应用，同一 GoP 中的帧间存在很强的相关性，不同的帧对视频数据包的重建具有不同的重要性，从而来自不同帧的视频数据包也相应具有不同的重要性。具体来讲，I 帧是参考帧，在其数据包被成功投递后，可以独立重建；P 帧是前向预测帧，其重建不仅需要成功接收其数据包，同时依赖其前一 I 帧或 P 帧的成功恢复；B 帧是双向预测帧，其重建要依赖前后两个视频帧的成功恢复。如图 3-5 所示，P_2 的重建依赖 P_1，而 B_2 的重建依赖 I_1 和 P_1。

8.5.2　视频机会传输重建质量模型

节点每次对视频数据包的转发和复制都会对视频重建质量产生一定的增益。为了对该增益进行量化，首先必须选择合适的度量指标。PSNR 常用来对视频质量进行量化，但其无法适用于移动机会网络，原因在于当属于某一个帧的视频数据包尚未完全被接收时，该帧无法重建，从而无法计算其 PSNR。因此，本节提出一个新的度量标准，即帧投递率，对视频的传输质量进行量化。

定义 8-2（帧投递率）　对于一个在网络中进行投递的视频段，其帧投递率定义为在目的节点成功重建的视频帧的数量与投递的所有视频帧数量之间的比值，用变量 FDR 进行表示。

假设对于一个视频段，N_G 表示其 GoP 个数，N_T 表示总的视频帧个数；M_I、M_P、M_B 分别表示每个 I 帧、P 帧、B 帧可以被平均分割成的视频数据包个数；

R_I、R_P、R_B 分别表示 I、P、B 三种类型的视频数据包的成功投递概率；N_I、N_P、N_B 分别表示成功投递的 I 帧、P 帧、B 帧的期望值，则可以得到下述式子：

$$FDR=(N_I+N_P+N_B)/N_T \tag{8-2}$$

$$N_I = P(I)N_G = (R_I)^{M_I} N_G \tag{8-3}$$

$$N_P = (R_I)^{M_I} (R_P)^{M_P}[1+(R_P)^{M_P}]N_G \tag{8-4}$$

$$N_B = 2(R_I)^{M_I}(R_P)^{M_P}(R_B)^{M_B} \times [1+(R_P)^{M_P}+(R_P)^{M_P}(R_B)^{M_B}]N_G \tag{8-5}$$

当一个视频段被分割并在网络中传输时，与其相关的参数，如 N_G、M_I、M_P、M_B 都是已知的，因此帧投递率可以看作以 R_I、R_P、R_B 为变量的函数，即

$$FDR = f(R_I, R_P, R_B) \tag{8-6}$$

在视频传输过程中，假设在时刻 t 网络中不相同的 I 类型的视频数据包个数为 $K_I(t)$，且具有相同的 TTL 值；对于任意 I 类型的视频数据包 i，$T_{I,i}(t)$ 表示在时刻 t 该数据包已经消耗的生存时长，$N_{I,i}(T_{I,i}(t))$ 表示曾经收到过该视频数据包的节点个数，$N_{I,i}(T_{I,i}(t))$ 表示当前仍然携带该视频数据包的节点个数，$R_{I,i}(t)$ 表示该视频数据包剩余的生存时长；此外，N_S 表示所有参与视频传输的节点个数。那么，下述关系成立：

$$\begin{cases} N_{I,i}(T_{I,i}(t)) \leqslant M_{I,i}(T_{I,i}(t))+1 \\ T_{I,i}(t) = TTL - R_{I,i}(t) \end{cases} \tag{8-7}$$

由于节点间的接触时间间隔服从接触频率为 λ 的指数分布[30]，该视频数据包 i 不能被投递成功的概率等于其任何一个副本数据包与目的节点下一次相遇的时间都大于 $R_{I,i}(t)$ 的概率，即 $\exp(-\lambda R_{I,i}(t))$。因此，用 $P_{I,i}$ 表示 I 类型的视频数据包 i 在其生存时长内能够被成功投递的概率，则有

$$P_{I,i} = [1-\exp(-\lambda N_{I,i}(T_{I,i}(t))R_{I,i}(t))] \times \left[1-\frac{M_{I,i}(T_{I,i}(t))}{N_S-1}\right] + \frac{N_{I,i}(T_{I,i}(t))}{N_S-1} \tag{8-8}$$

这样，可以得到 I 类型的视频数据包在时刻 t 的平均成功投递概率为

$$R_I = \frac{1}{K_I(t)} \sum_{i=1}^{K_I(t)} P_{I,i} \tag{8-9}$$

同理，可以分别求出 R_P、R_B。

8.5.3　视频数据包边缘质量增益

在视频传输过程中，任意未被成功接收的视频数据包对视频重建质量都有一个期望的增益。由式(8-6)~式(8-9)可知，视频的帧投递率实际上是其视频数据包副本数的函数，对于任意视频数据包，其副本数增加或者减少，该函数值都会发生变化。把某一视频数据包副本数的单位变化导致的帧投递率变化的大小称为该视频数据包相对于视频重建质量的边缘质量增益。边缘质量增益可以通过偏微分方程离散化进行计算。

对于任意 I 类型的视频数据包 i，其在时刻 t 的边缘质量增益计算如下：

$$\mathrm{MQG}_{\mathrm{I},i} = \left(\frac{\partial \mathrm{FDR}}{\partial R_{\mathrm{I}}}\right)\left(\frac{\partial R_{\mathrm{I}}}{\partial N_{\mathrm{I},i}(T_{\mathrm{I},i}(t))}\right) \tag{8-10}$$

同理，P 类型的视频数据包 i 和 B 类型的视频数据包 i 的边缘质量增益 $\mathrm{MQG}_{\mathrm{P},i}$ 和 $\mathrm{MQG}_{\mathrm{B},i}$ 可以分别计算如下：

$$\begin{cases} \mathrm{MQG}_{\mathrm{P},i} = \left(\dfrac{\partial \mathrm{FDR}}{\partial R_{\mathrm{P}}}\right)\left(\dfrac{\partial R_{\mathrm{P}}}{\partial N_{\mathrm{P},i}(T_{\mathrm{P},i}(t))}\right) \\[3mm] \mathrm{MQG}_{\mathrm{B},i} = \left(\dfrac{\partial \mathrm{FDR}}{\partial R_{\mathrm{B}}}\right)\left(\dfrac{\partial R_{\mathrm{B}}}{\partial N_{\mathrm{B},i}(T_{\mathrm{B},i}(t))}\right) \end{cases} \tag{8-11}$$

8.6　基于多用户博弈的副本控制算法设计

本章路由算法设计的初衷是使视频数据的传输质量最优化，同时尽可能地降低视频数据传输的代价。为了达到该目的，把多用户间的视频传输建模为一个多用户协作博弈，利用 Nash-Pareto 优化理论给出最优解决方案。

8.6.1　多用户协作博弈

多用户协作博弈是一个非零和博弈模型，每一个参与博弈的对象都是理性和自私的，并希望通过竞争和妥协实现共赢的目的。所有参与博弈的用户用集合 $Q = \{1, 2, \cdots, n\}$ 表示；用户 i 所有可能采取的策略组成一个策略空间，用 s_i 表示，则 $S = s_1 \times s_2 \times \cdots \times s_n$ 表示联合的策略集。在博弈过程中，任意用户 i 具有一个效用函数 F_i，其效用值会随着策略的不同而发生变化。对于一个多用户协作博弈，如果除了当前联合策略集之外不存在其他的联合策略能够使得每一个用户同时获得更高的效用值，则认为该博弈达到均衡[31-33]。

定理 8-1（纳什定理）[33]　多用户协作博弈的最优解能够满足下述四个特性：不变性、对称性、独立性和帕累托最优等，可以表述如下：

$$(F_1^*, F_2^*, \cdots, F_n^*) = \arg\max \prod_{i \in Q}(F_i - F_i^0) \qquad (8\text{-}12)$$

其中，F_1^* 表示在协作状态下用户 i 的最优收益；F_i^0 表示在非协作状态下用户 i 的收益；$\prod_{i \in Q}(F_i - F_i^0)$ 表示纳什乘积。

8.6.2　效用函数设计

当多个移动节点在时刻 t 相遇时，组成了一个全连通的子网，相遇的节点可以利用这样的接触机会进行视频数据传输。用 N 表示相遇的节点个数，M 表示节点携带的不相同的视频数据包个数，V 表示同时传输的视频段个数。因为任意视频段 v 都有各自的目的节点，用 $p_{n,v}$ 表示节点 n 和视频段 v 的目的节点之间的接触概率，用 $\mathrm{MQG}_{n,v,m}$ 表示被节点 n 携带的、属于视频段 v 的视频数据包 m 的边缘质量增益，则移动节点 n 对传输质量的贡献可以用其携带的所有视频数据包的边缘质量增益之和进行量化。因此，节点 n 的效用函数可以设计如下：

$$F_n = \sum_{v=1}^{V} p_{n,v} \left(\sum_{m=1}^{M} \mathrm{MQG}_{n,v,m} \times \delta_{n,m} \right) \qquad (8\text{-}13)$$

当节点相遇时，每个节点都希望通过这次数据交换尽可能多地增加各自对视频重建质量的贡献，也就是 $\max(F_n - F_n')$，其中 F_n' 表示节点 n 接触前的效用值。因此，每个节点都不会把视频数据包进行无偿直接转发。同样，视频数据包的复制会使其副本数增加，进而降低该数据包对视频重建质量的边缘质量增益，移动节点也不愿对其携带的视频数据包进行无偿复制。因此可以说，各个节点从其自身来看是利益相悖的，而所有参与视频传输的节点都希望能够完成视频传输任务，都具有强烈的协作意愿。基于此，把多节点相遇期间的视频数据传输过程建模为一个多节点协作博弈（博弈的过程发生在相遇的多个节点之间，视频数据包信息交换完成以后对最优解的计算由设备资源如能量、运算能力等最为冗余的移动节点承担）。依据定理 8-1，使得纳什乘积最大的解即为纳什均衡解，其能够使得相遇的多个节点都获得最大的收益。因此，可以得到如下公式：

$$\beta^* = (\delta_1^*, \delta_2^*, \cdots, \delta_N^*) \leftarrow \max \ \arg \prod_{n=1}^{N} (F_n - F_n') \qquad （8-14）$$

其中，F_n' 和 F_n 分别表示数据交换前后节点 n 携带数据包的边缘质量增益。

这样，如果能够找到 β^*，那么每个相遇节点对视频数据包的转发和复制都可以依据 β^* 来进行，从而实现了算法设计的目的。多用户协作博弈的求解可以通过无限次的讨价还价来逼近最优解，但是计算复杂度会随着视频数据包个数 M 的增加呈指数级增大。为了解决该问题，本章提出用几何空间表示算法[34]去寻找最优解。

8.6.3　基于几何空间表示的纳什最优解

高的计算复杂度使得对博弈均衡的求解非常困难，而几何空间表示算法则可以较为容易地给出最优近似解[33]。具体来讲，每一个视频数据包相对于每一个博弈用户都存在一个效用值。视频数据包与博弈用户之间的距离定义为经过归一化的效用值的倒数。视频数据包对应的某一博弈用户的效用值越大，其与该用户之间的距离越短，而效用值越小，距离越长。

对于视频数据包传输，用 $p_{n,v}\mathrm{MQG}_{n,v,m}$ 表示视频数据包 m 相对于节点 n 的效用值，则它们之间的效用距离 $d_{n,m}$ 可以计算如下：

$$d_{n,m} = \frac{\dfrac{1}{p_{n,v}\mathrm{MQG}_{n,v,m}}}{\displaystyle\sum_{n=1}^{N} \dfrac{1}{p_{n,v}\mathrm{MQG}_{n,v,m}}} \qquad （8-15）$$

从距离的计算公式可以看到，如果视频数据包相对于博弈用户的重要性或价值越大，其与该节点的效用距离越短，它对该节点有更高的优先级。因此，相对于任一节点 n，都可以把视频数据包按照其对该节点的效用距离从小到大的顺序进行排列，从而得到一个列表 L_n。

由文献[34]可知，分配一个效用值过小或者过大的视频数据包给一个博弈用户，都会使得均衡偏离帕累托最优点；而如果按照效用值从高到低的顺序对每一个视频数据包进行遍历，又将会极大地增加计算复杂度。为了解决该问题，文献[34]提出了效用距离乘积的概念。具体来讲，针对视频数据包传输，经过归一化的视频数据包 m 相对于博弈用户 n 的效用距离乘积 $\varphi_{n,m}$ 可以计算如下：

$$\varphi_{n,m} = \frac{1}{\displaystyle\sum_{n=1}^{N} \dfrac{1}{p_{n,v}\,\mathrm{MQG}_{n,v,m}}} \qquad （8-16）$$

从式（8-16）可以看出，对于一个给定的视频数据包，其对应于所有的博弈用户都具有相同的效用距离乘积，依据均衡条件[33]可以表示如下：

$$u_n = \frac{1}{N}\sum_{m=1}^{M}\varphi_{n,m} = \frac{\dfrac{1}{N}}{\displaystyle\sum_{n=1}^{N}\dfrac{1}{p_{n,v}\mathrm{MQG}_{n,v,m}}} \qquad (8\text{-}17)$$

其中，u_n 用于决定视频数据包分配终止的门限条件。

这样，可以从对应移动节点 n 的列表 L_n 中选取前 K 个视频数据包分配给 n，使得这 K 个视频数据包对节点 n 的效用距离之和刚刚达到临界值 u_n，即 K 应该满足下述条件：

$$\sum_{j=1}^{K}d_j \leqslant u_n \qquad (8\text{-}18)$$

这样，所有相遇节点都知道哪些视频数据包需要被转发或者被复制给哪一个节点。在分配过程中，一个效用值较高的视频数据包可能被分配给多个节点，因此这些视频数据包会被复制，但是副本的数量由纳什近似最优解决定；另外，个别重要性很低的视频数据包可能不会被分配给任何一个用户，将会被丢弃。

8.7　仿真和性能验证

如前所述，目前关于视频数据机会传输方面的研究还比较有限。和本章较为相近的机制为 GameR 算法[22]，其也考虑多节点相遇的场景，但仅限于一般数据的传输。另外一个要进行比较的传输机制是本章所提 VOR-MG 算法的一个变种，即 VOR-TG 算法，其也用来对视频数据进行传输，但是仅限于两个节点相遇时的数据交换。此外，由于是多副本路由算法，所以也与 Epidemic 算法[34]进行了对比。

8.7.1　仿真环境介绍

为了对性能进行验证，本章基于 NS-2 网络的仿真工具开发了一个类似 DTN 的仿真环境。在该仿真环境中，每个节点被当作一个移动用户，有效传输距离设为 100m，可以基于 802.11b 与其他节点进行通信。每个节点的存储空间被划分为两个队列，第一个队列用于存放由其自身生成的视频分组，而另一个队列用于缓存从其他节点接收的视频分组。这两个队列具有相同的长度，最多可以存放 128 个视频分组。为了对视频传输进行模拟，本章选用标准的视频序列 "foreman.qcif"

作为数据源。此外，为了更加方便地对视频数据进行传输，把工具 myEvalvid[35] 集成到该仿真环境中。借助于该工具，视频数据源可以被分割成 659 个视频分组，并依照其在原始视频序列中的位置和时间间隔发送到网络中。同样，借助于该工具，被传输的视频数据可以很方便地得到重建。

8.7.2　基于人工合成移动轨迹数据集的性能分析

人工合成移动轨迹数据集基于移动模型 Random Waypoint 生成，共包含 60 个移动节点，运动区域为 1000m×1000m。在每一次仿真实验中，每个节点都具有相同的生存时长，源节点和目的节点随机选择。图 8-3 给出了和传输质量相关的仿真结果，主要从平均 FDR 和平均 PSNR 两个方面进行对比。从图 8-3（a）可以看到，当 TTL 设定为不同的数值时，Epidemic 算法的平均帧投递率最低，而本章算法表现最优。尽管 GameR 算法的平均帧投递率要远高于 Epidemic 算法，但其和 VOR-TG 之间仍存在一定的距离。从总体上看，每个算法的平均帧投递率都会随着 TTL 值的增加而增大，原因可以解释如下。

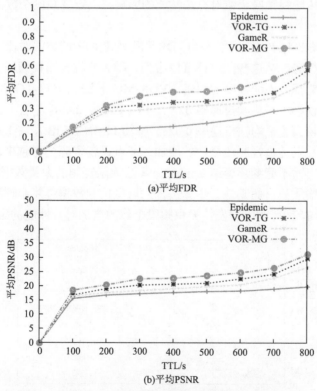

(a)平均FDR

(b)平均PSNR

图 8-3　基于人工合成移动轨迹数据集的仿真性能对比

　　由于无限制的节点复制，Epidemic 算法很快就耗尽了设备的资源，大量的视频数据包在传输过程中的缓冲区溢出而被丢弃，表现出最差的投递性能。GameR 算法主要用来进行一般数据的传输，其设计目标是实现高的数据投递率，而不是视频传输质量，设计过程也未考虑任何视频数据的特点，因此其视频投递性能落后于本章算法 VOR-MG 及其变种算法 VOR-TG。而 VOR-MG 算法和 VOR-TG 算法之间的差异在于，VOR-MG 算法是对多个节点之间的数据交换进行优化的，而 VOR-TG 算法仅关注一对节点之间的数据交换，因此会有如图 8-3（a）所示的性能表现。此外，为了使得上述算法的性能比较更加直观，给出了基于平均 PSNR 的对比结果，如图 8-3（b）所示。从图中可以看出，各个算法和图 8-3（a）有相同的性能表现，这也验证了本章设计帧投递率的合理性。

8.7.3　基于真实移动轨迹数据集的性能分析

　　为了在更加真实的情况下对算法性能进行验证，本章基于真实移动轨迹数据集 KAIST[36]进行仿真。该数据集包含 92 个节点，活动范围为 10000m × 10000m。为了观察并发传输视频段个数对算法性能的影响，设定视频段个数为 1 和 5 分别进行仿真。

　　图 8-4 和图 8-5 分别给出了平均 FDR 和平均 PSNR 的数据对比。除了在图 8-4 中呈现的性能趋势，从这些图上还可以看到，随着并发传输视频段个数的增加，所有算法的性能都有不同幅度的回落。VOR-MG 算法、VOR-TG 算法和 GameR 算法回落幅度较小（平均帧投递率 0.01，平均 PSRN 0.4dB 左右），而 Epidemic 算法回落幅度较大（平均帧投递率 0.023，平均 PSRN 1.5dB 左右）。原因可以解释如下：随着并发传输视频段个数的增加，节点设备资源变得越来越紧张；节点缓冲区较快溢出而不能继续容纳 Epidemic 算法无限复制的大量数据副本，从而降低了视频的传输质量；而其他三个算法都采取受控的数据包复制算法，网络中的冗余数据包相对较少，所以并发传输视频段个数的增加对其性能的影响较为有限。

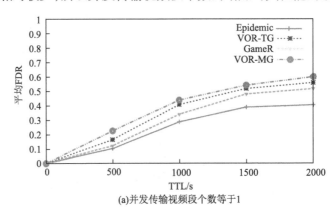

(a)并发传输视频段个数等于1

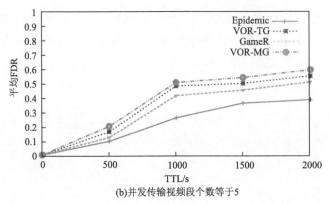

(b)并发传输视频段个数等于5

图 8-4　基于真实移动轨迹数据集的平均 FDR 对比

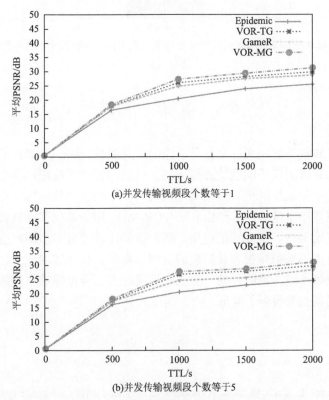

(a)并发传输视频段个数等于1

(b)并发传输视频段个数等于5

图 8-5　基于真实移动轨迹数据集的平均 PSNR 对比

　　为了能够更加直观地对上述算法中设备资源的消耗进行对比，图 8-6 给出了每种算法在视频传输过程中的平均最大转发次数。从图中可以看出，如果把 TTL 设定为 2000s，Epidemic 算法的平均最大转发次数能够达到 80 次，而 GameR 算法和 VOR-MG 算法能够接近 20 次，VOR-TG 算法则接近 30 次。这个结果符合作者对 Epidemic 算法的预期。尽管其他三种算法都是进行受控复制的,但是 VOR-TG 算法仅考虑两个节点间的数据转发和复制,而没有对多节点相遇的场景加以考虑,因此其平均最大转发次数高于 GameR 算法和 VOR-MG 算法。

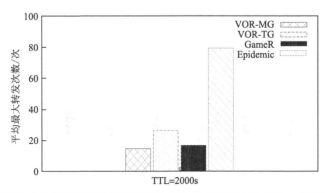

图 8-6　基于真实移动轨迹数据集的视频数据包平均最大转发次数对比(并发传输视频段个数等于 5)

8.8　本 章 小 结

移动数据卸载是近年来一个备受关注的研究课题,而基于 D2D 通信的数据机会传输被认为是解决这一问题的理想方法。然而,智能终端用户移动和接触的不确定性,使得视频数据的机会传输最终归结为一个路由设计问题。在本章中,提出了一种面向视频质量的副本路由算法 VOR-MG,用于解决移动机会网络中的视频数据高效传输问题。该算法把多用户间的数据传输建模为多用户协作博弈,利用纳什近似最优解来引导视频数据包的复制和转发,从而实现最大化视频传输质量和最小化视频传输开销的目的。算法的性能在人工合成移动轨迹数据集和真实移动轨迹数据集上都得到了验证。

参 考 文 献

[1] Forster M, Frank R, Gerla M, et al. A cooperative advanced driver assistance system to mitigate vehicular traffic shock waves//IEEE INFOCOM 2014-IEEE Conference on Computer Communications, Toronto, 2014: 1968-1976.

[2] Koukoumidis E, Peh L S, Martonosi M R. Signalguru: leveraging mobile phones for collaborative traffic signal schedule advisory//Proceedings of the 9th International Conference on Mobile Systems, Applications, and Services, Bethesda, 2011: 127-140.

[3] Gatautis R, Vitkauskaite E. Crowdsourcing application in marketing activities. Procedia-Social

and Behavioral Sciences, 2014, 110(1): 1243-1250.

[4] Dhondge K, Song S J, Choi B Y, et al. Video: Wi-Fi honk: smartphone-based beacon stuffed Wi-Fi car2X-communication system for vulnerable road user safety//Proceedings of the 12th Annual International Conference on Mobile Systems, Applications, and Services, New York, 2014: 387.

[5] Hara K, Le V, Froehlich J. Combining crowdsourcing and google street view to identify street-level accessibility problems//Proceedings of the SIGCHI Conference on Human Factors in Computing Systems, Paris, 2013: 631-640.

[6] Cisco. Cisco visual networking index: global mobile data traffic forecast update, 2017–2022. https://twiki.cern.ch/twiki/pub/HEPIX/TechwatchNetwork/HtwNetworkDocuments/white-paper-c11-741490.pdf[2020-2-1].

[7] 2015 New York Times News Service. Carriers warn of crisis in mobile spectrum. https://www.financialexpress.com/archive/carriers-warn-of-crisis-in-mobile-spectrum/938507[2012-4-19].

[8] Han B, Hui P, Kumar V S A, et al. Mobile data offloading through opportunistic communications and social participation. IEEE Transactions on Mobile Computing, 2012, 11(5): 821-834.

[9] Rebecchi F, de Amorim M D, Conan V, et al. Data offloading techniques in cellular networks: a survey. IEEE Communications Surveys & Tutorials, 2015, 17(2): 580-603.

[10] Lee K, Lee J, Yi Y, et al. Mobile data offloading: how much can Wi-Fi deliver. IEEE/ACM Transactions on Networking, 2013, 21(2): 536-550.

[11] Ma H D, Yuan P Y, Zhao D. Research progress on routing problem in mobile opportunistic networks. Journal of Software, 2015, 26(3): 600-616.

[12] Xiong Y P, Sun L M, Niu J W, et al. Opportunistic networks. Journal of Software, 2009, 20(1): 124-137.

[13] Shah R C, Roy S, Jain S, et al. Data MULEs: modeling and analysis of a three-tier architecture for sparse sensor networks. Ad Hoc Networks, 2003, 1(2-3): 215-233.

[14] Jain S, Fall K, Patra R. Routing in a delay tolerant network//Proceedings of the 2004 Conference on Applications, Technologies, Architectures, and Protocols for Computer Communications, Portland, 2004: 145-158.

[15] Yuan Q, Cardei I, Wu J. An efficient prediction-based routing in disruption-tolerant networks. IEEE Transactions on Parallel and Distributed Systems, 2012, 23(1): 19-31.

[16] Hong S H, Song U S, Gil J M, et al. Sensor routing algorithm with two-layer priority for clustering. The Journal of Korean Institute of Information Technology, 2012, 10(12): 89-97.

[17] Spyropoulos T, Psounis K, Raghavendra C S. Spray and wait: an efficient routing scheme for intermittently connected mobile networks//Proceedings of the 2005 ACM SIGCOMM Workshop on Delay-tolerant Networking, Philadelphia, 2005: 252-259.

[18] Spyropoulos T, Psounis K, Raghavendra C S. Efficient routing in intermittently connected mobile networks: the multiple-copy case. IEEE/ACM Transactions on Networking, 2008, 16(1): 77-90.

[19] Liu C, Wu J. An optimal probabilistic forwarding protocol in delay tolerant networks//Proceedings of the 10th ACM International Symposium on Mobile Ad Hoc Networking and Computing, Santiago, 2009: 105-114.

[20] Nelson S C, Bakht M, Kravets R, et al. Encounter: based routing in DTNs. ACM SIGMOBILE

Mobile Computing and Communications Review, 2009, 13(1): 56-59.

[21] Costa P, Mascolo C, Musolesi M, et al. Socially-aware routing for publish-subscribe in delay-tolerant mobile ad hoc networks. IEEE Journal on Selected Areas in Communications, 2008, 26(5): 748-760.

[22] Erramilli V, Crovella M, Chaintreau A, et al. Delegation forwarding//Proceedings of the 9th ACM International Symposium on Mobile Ad Hoc Networking and Computing, Hong Kong, 2008: 251-260.

[23] Yuan P Y, Wang C Y. OPPO: an optimal copy allocation scheme in mobile opportunistic networks. Peer-to-Peer Networking and Applications, 2018, 11(1): 102-109.

[24] Li L, Qin Y, Zhong X X. A novel routing scheme for resource-constraint opportunistic networks: a cooperative multiplayer bargaining game approach. IEEE Transactions on Vehicular Technology, 2016, 65(8): 6547-6561.

[25] Lee G M, Rallapalli S, Wei D, et al. Mobile video delivery via human movement//2013 IEEE International Conference on Sensing, Communications and Networking, New Orleans, 2013: 406-414.

[26] Nzouonta J, Rajgure N, Wang G L, et al. VANET routing on city roads using real-time vehicular traffic information. IEEE Transactions on Vehicular Technology, 2009, 58(7): 3609-3626.

[27] Wu H H, Ma H D. Opportunistic routing for live video streaming in vehicular ad hoc networks//Proceeding of IEEE International Symposium on a World of Wireless, Mobile and Multimedia Networks, Sydney, 2014: 1-3.

[28] Wu H H, Ma H H, Liu L, et al. A traffic-camera assisted cache-and-relay routing for live video stream delivery in vehicular ad hoc networks. Wireless Networks, 2017, 23(7): 2051-2067.

[29] Gao W, Li Q H, Zhao B, et al. Multicasting in delay tolerant networks: a social network perspective//Proceedings of the Tenth ACM International Symposium on Mobile Ad Hoc Networking and Computing, New Orleans, 2009: 299-308.

[30] Conan V, Leguay J, Friedman T. Characterizing pairwise inter-contact patterns in delay tolerant networks//The 1st International ICST Conference on Autonomic Computing and Communication Systems, Rome, 2007: 1-9.

[31] Radim M H. Game theory: a nontechnical introduction. Childhood Education, 2000, 33(5): 218-220.

[32] Nash J. Two-person cooperative games. Journal of the Econometric Society, 1953, 21(1): 128-140.

[33] Peters H J. Axiomatic Bargaining Game Theory. Holland: Springer, 2013.

[34] Wong K K L. A geometrical perspective for the bargaining problem. PLoS One, 2010, 5(4): e10331.

[35] Yu C Y, Ke C H, Chen R S, et al. MyEvalvid_RTP: a new simulation tool-set toward more realistic simulation//Future Generation Communication and Networking, Jeju, 2007: 90-93.

[36] Soonmin H. KAIST dataset. https://github.com/SoonminHwang/rgbt-ped-detection[2021-12-6].

第 9 章 从机会网络到边缘计算

9.1 引 言

边缘计算是最近几年在学术界得到广泛研究和讨论非常多的一个话题，将 IT 服务环境和云计算技术在网络的边缘进行结合，提高了边缘网络对数据的存储、运算、卸载等能力，减小了网络操作和服务交付时延，进而提升了用户的服务质量体验，因此受到广泛关注。伴随着对边缘计算的讨论和研究，人们对网络边缘的认识和界定也在不断发生变化，最初认为基站是网络边缘设备，而随着移动智能设备的普及和软硬件性能的提升，很多人开始意识到这些移动的智能设备才是边缘计算中的网络边缘设备。这样，泛在的移动智能设备组成的移动机会网络就会通过边缘计算这种服务模式与固定部署的移动网络发生融合。因此，本章主要探讨在这种全新的网络模式中，移动机会网络与边缘计算之间的相互关系，以及边缘计算中基于机会传输技术的视频应用场景及其关键技术。

9.2 边 缘 计 算

边缘计算并不是横空出世的，其出现有一定的历史缘由和现实需求。本节从下述三个方面对移动边缘计算进行介绍。

9.2.1 边缘计算的出现

随着近年来短距无线通信技术和微电子技术的快速发展，移动智能终端设备（手持终端和车载终端等）硬件资源越来越丰富，功能越来越强大，且越来越普及。以中国为例，智能手机的年销售量达 3.69 亿部（据英国调研机构 Canalys 2020 年初发布的对 2019 年的调研数据），普及率为 58%；同时，中国 2020 年度的汽车销售量为 2531.1 万辆，其中 63%的车辆配置车载终端设备（依据中国汽车工业协会 2021 年 1 月的统计数据）。移动智能无线终端设备的快速增长和普及不仅为万物互联奠定了基础，同时，其随时随地的感知能力也使得这些网络边缘设备产生的数据以爆炸式的速度快速增长。依据国际数据公司的数据统计，2020 年全球数据总量大于 40ZB（$1ZB=2^{21}TB$），而其中由物联网产生的 45% 的数据量仅在网络的边缘进行处理，无须通过核心网络进行传输和处理。

在传统以云计算模型为核心的集中式数据处理模式中，假定网络边缘设备硬软件资源相对不足，无法在运算能力、存储等方面满足对数据处理的要求，因此设备产生的所有数据都要通过不同的网络形态汇聚到云计算中心，利用云计算中心专门部署的大型服务器超强的运算能力来集中解决海量数据的运算和存储等问题，然后把数据处理的结果返回到边缘设备以满足各种场景的应用需求，从而使得这种基于云的服务能够创造出较高的经济效益。但是，随着移动互联网的发展和物联网时代的到来，数据处理模式发生了很大变化，如上所述，很多数据在边缘网络就可以完成运算并满足各种应用需求，因此传统的云计算模式呈现下述不足。

1. 实时性无法满足需求

在工业互联网和智慧车联网等万物互联的各种应用场景中，在数据感知、采集、处理、反馈等过程中，各种应用对实时性的要求非常高。而在传统的云计算数据处理模型中，来自各种异构网络中的应用数据首先必须通过特定的网关进入互联网，然后在云计算中心进行汇聚并请求服务器进行处理，最后把处理结果返回到边缘设备，以对服务进行支撑。在该过程中，不仅增加了数据的传输时延，同时随着网络中各种数据的爆炸式增长，云计算中心的处理排队时间也会增加，已经无法满足应用对实时性的需求。例如，在智慧车联网的应用场景中，所有的车辆都在高速移动，一辆自动驾驶的车辆需要依据其周围的情景在毫秒级的时间内完成各种决策并对车辆进行操控，基于云计算的数据处理模式显然无法满足对时效性的要求。

2. 网络带宽无法满足需求

随着移动智能终端的大规模普及和工业物联网的发展，越来越多的设备需要接入网络并源源不断地产生各种数据。在云计算的模式下，所有的应用数据都需要通过网络传输到专门部署的数据中心进行处理，海量数据的实时传输需求显然超出了网络的承载能力，移动互联网上数字增长的速度远远超过了网络提供商对网络带宽升级的速度。相对匮乏的网络带宽已经不能满足快速增长的数据传输需求，拥塞的网络状况直接影响云计算这种集中式数据处理模式的服务性能，从而必然要求数据处理的模式发生改变。

3. 数据安全和隐私保护无法满足需求

随着人们的生产、生活与网络的深度融合，数据安全和隐私保护也成为一个越来越受大家关注的问题。在云计算模式下，所有的应用数据需要通过网络传输到云计算中心进行处理，显然数据在网络传输的过程中，无论是终端数据生产者还是云计算中心都无法对数据安全和用户隐私提供任何保障，换句话说，传统云计算模式的数据汇聚需求增大了数据安全和隐私泄露的风险。例如，很多家庭或者公共场所都安装有智能网络摄像头，但近几年经常出现隐私泄露的案例；同时，一些国际知名公司的用户信息在网络上被泄露的案例也时有发生。随着各种案例的出现和用户对该问题的关注，各国政府都纷纷出台了相关的法律法规，如欧盟的《通用数据保护条例》[1]等，使得云计算公司必须把数据安全和隐私保护当作一个非常重要的问题对待。但是，如何对运算模式进行改变以减少敏感数据在网络中的过多传输才是解决该问题的根本。

4. 能量消耗过高

在云计算模式中承担数据处理任务的数据中心消耗了巨大的能量，同时随着所处理数据量的增加，其对能量的消耗也几乎呈线性增加。Sverdlik 公司的研究结果[2]显示，2020 年美国所有数据中心的能耗达到 730 亿 kW（越南 2019 年全年发电量为 2410 亿 kW），我国数据中心所消耗的电能已经超出了匈牙利和希腊两国的用电总和。随着工业互联网的发展及各种万物互联应用的推广和普及，各种各样的应用需求越来越多，数据处理的规模越来越大，能耗必将成为云计算中心快速发展的一个瓶颈。

为了解决上述问题，面向泛在边缘设备所产生的海量数据处理计算模式，即边缘计算应运而生。相对于云计算，边缘计算是在网络边缘进行的一种新型数据计算模型[3,4]，其运算对象主要包括来自云服务的下行数据和来自各种物联网应用场景的上行数据。边缘计算的边缘并没有一个非常明确的界限，一般认为数据产生的终端设备到云计算模型的数据中心之间的任何计算和网络资源都属于它的一部分，但最近几年人们更多地关注移动边缘设备在边缘计算中所能承担的任务以及能够扮演的角色。然而，尽管传统的云计算模式有上述不足，但现有研究仍认为边缘计算模型和云计算模型并不是前者革命后者的关系，而是相辅相成、不可替代的关系，即前者需要后者强大的运算能力和海量存储作为支撑，而后者也需要前者对海量数据及隐私的处理。具体来讲，边缘计算模型也具有下述三个方面的优势[5]。

（1）从网络负载和能耗方面来看，相较于传统基于云计算的集中式处理模式，网络边缘设备产生的较大比例的海量数据在本地就可以完成处理而无须上传到云端，这不仅极大地减少了数据传输造成的网络负载和网络带宽的占用，同时降低了数据中心的能耗。

（2）从时效性方面来看，海量数据在靠近服务需求的本体进行处理，不仅避免了长距离的传输时间，同时省去了在数据中心的排队时间和相应的等待时间，从而大大缩短了从数据采集到结果反馈的流程时间，极大地提高了时效性，使得服务的响应能力得到保障。

（3）从数据安全和隐私保护方面来看，用户的生产和生活数据在边缘计算的处理模型中都是保存在边缘设备上而不是继续上传到云端，从而极大地降低了数据被窃取的风险，因此相较于云计算模型，边缘计算模型能够更好地保护用户数据和隐私信息，降低用户对上述问题的担忧，提高其对相关应用的接受度。

得益于上述优势，近年来边缘计算得到了迅速发展，尤其是学术界已经对边缘计算展开了广泛研究，下面将对其发展过程进行梳理。

9.2.2　边缘计算的发展

无线通信技术和微电子技术的发展使得移动终端设备的运算、存储、传输等能力越来越强大；同时，随着生产成本的降低，移动智能终端在生产和生活中也越来越普及。如何把泛在的移动终端设备纳入云计算的服务体系中成为人们开始考虑的一个问题。

结合云计算、移动计算和无线通信网络的第一个计算范例就是移动云计算，其将云计算通过移动网络应用在移动设备中，显著增强了移动设备的性能，并把云计算和储存的功能直接向移动设备交付应用[6]，使开发者和服务提供商可以构建更复杂的应用程序。但是随着移动设备的暴增，移动云计算面临巨大挑战。如前所述，移动设备和云计算中心之间的超远物理距离意味着较高的延迟，同时回程链路也受到高回程带宽消耗带来的困扰，这些问题直接影响到对延迟敏感的实时应用程序的服务质量。同时，用户隐私和数据安全也很关键，高度集中的数据信息使云计算中心遭受更多的攻击，而通过无线网络分流到云计算中心的数据也可能被黑客窃取，并且由于带宽约束和海量数据造成的网络拥塞，多用户同时与云计算中心进行大数据的交换也成为一个挑战[7]。

为了缓解移动云计算所面临的严峻挑战，近些年提出了基于分布式设计的边缘计算，使计算任务和内容分发更接近移动终端和用户。文献[8]提出了 Cloudlet 的概念，其通常指的是放置在网络边缘位置的受信任且资源丰富的计算机或计算机集群。Cloudlet 与互联网相连接，可以被移动设备访问并为其提供服务。Cloudlet 将云计算扩展到网络边缘以协助移动用户运行资源密集型和交互式应用程序，并且可以脱离云，独立在虚拟机中运行[9]。此时的边缘计算强调下行，即将云服务器上的功能下行至边缘服务器，以降低时延并减少对网络带宽的占用。但是移动用户与 Cloudlet 之间通过 Wi-Fi 连接会限制用户远程访问云，并且移动用户在连接 Cloudlet 的同时无法使用 Wi-Fi 和移动网络[10]。

随着移动互联网的发展和物联网时代的到来，在万物互联的背景下边缘数据迎来了爆炸式的增长。为了解决在面向数据传输、计算和存储过程中的计算负载和数据传输带宽问题，研究者开始探索在靠近数据生产者的边缘增强数据处理功能，即万物互联服务功能的上行，比较有代表性的就是雾计算、移动边缘计算和海云计算。

美国思科公司在 2012 年提出雾计算是指云计算从核心网络扩展到网络边缘，雾节点的部署非常广泛且在地理上大量存在，从而减少了传输到云计算中心需要的数据量[11]。因此，移动用户可以通过网络边缘的雾节点来处理和分析密集的计算以及用户终端收集到的数据，从而减少了执行时延和网络拥塞[12]。但是雾节点不能当作能自我管理的云计算中心，也无法脱离云的支持。Cloudlet 和雾计算都没有集成到移动网络架构中，无法保证为移动用户提供的服务质量和体验质量。雾计算与边缘计算相比有极大的相似性，但是两者的关注点不同，雾计算着重关注基础设施之间的分布式资源共享问题，而边缘计算还关注边缘设备资源（计算、存储、网络等）的管理以及边缘设备与终端设备、边缘设备之间、边缘设备与云计算中心等的协作。云无线接入网（cloud radio access network，C-RAN）是利用云计算提出的新型无线接入网络架构，使用分布式远程无线电头（remote radio head，RRH）和集中式基带单元（baseband unit，BBU）取代传统基站，BBU 负责传统基站中基带信号的处理和大规模信号处理，RRH 负责基本的射频功能，并且可以在热点中支持高容量[13]。但是云无线接入网络的集中化导致对分布式 RRH 和集中式 BBU 之间信息交换的巨大需求[14]，并且虚拟化的 BBU 主要用于集中式无线电信号处理和资源分配，基本不用于执行计算[13]。

2014 年底，欧洲电信标准化协会（European Telecommunications Standard Institute，ETSI）移动边缘计算行业规范小组提出了移动边缘计算（mobile edge computing，MEC）的概念。作为云无线接入网络架构的补充，移动边缘计算是指在移动网络边缘部署计算资源和存储资源，旨在利用无线接入网络就近为移动用户提供互联网服务环境和云计算功能[15]，从而为用户提供超低时延和高带宽的网络服务解决方案[16]。相对于传统云计算，移动边缘计算具有更显著的优势。在移动边缘计算的框架中，计算资源和存储资源被直接放置在离用户更近的位置，在这种优势下，移动边缘计算可以在很大程度上降低服务时延[17]。同时，移动边缘计算也显著扩大了移动网络的覆盖范围和容量，有利于回程链路的负载均衡，根据用户需求动态调用计算资源和存储资源，从而减少了移动终端的能耗，延长了网络寿命等[18]。移动边缘计算强调在云计算中心与边缘设备之间建立边缘服务器，在边缘服务器上完成终端数据的计算任务。在早期，终端设备软硬件性能比较弱，还不足以承担数据处理的任务，因此早期的研究，不认为移动终端设备具有运算能力，而边缘计算模型中的终端设备具有较强的运算能力，因此移动边缘计算被看作边缘计算模型的一部分或者一个层次。但是近年来，移动终端设备的软硬件资源逐渐丰富，具备承担计算任务的能力，因此随着其承担任务能力的变化，学术界对其在边缘计算中的定位也发生了变化，人们开始讨论把边缘设备的界限进一步扩展，使得泛在的移动智能终端设备能够发挥更大的作用。

2012 年，中国科学院启动了战略性先导研究专项，称为下一代信息与通信技术倡议（next generation information and communication technology initiative, NICT），其主旨是开展"海云计算项目"的研究，核心是通过"云计算"系统与"海计算"系统的协同，增强传统云计算的能力。在该研究中，"海"是指由泛在的物理世界的设备组成的终端。与边缘计算相比，海云计算着重关注"海""云"两端，而边缘计算更关注从"海"到"云"数据路径之间的任意计算、存储和网络资源。

在边缘计算中，云计算中心负责处理计算量巨大的任务，一些分散且规模有限的用户任务请求则交给边缘服务器处理，这样能够将轻量级的云计算和存储应用在移动网络边缘，从而实现众多实时的智能城市服务，创建一个更可靠、扩展性更高和更安全的网络环境。边缘计算网络架构通常分为三层，即云层、边缘计算层和设备层。在设备层，所有的边缘设备都连接到其邻近的基站。在边缘计算层，边缘计算服务器安装在具有计算和存储服务的基站上，负责处理来自边缘设备的到达请求并提供基站的计算资源和存储资源，这样可以实现服务分散化。在核心网络中，所有的边缘节点都与云连接[19]。随着边缘计算关键技术的不断完善，其应用领域也在快速扩展。作为一种新兴的网络架构，边缘计算中的边缘设备大多是异构计算平台，且资源相对受限，所以在快速发展的同时，也面临很多急需解决的问题。边缘计算还需要在编程模型、软硬件适配性、基准程序与标准、边缘数据和服务的管理、动态任务调度以及边缘网络的隐私安全等多方面进一步探索研究，以逐步完善相关技术和理论体系，设计出下沉可用的边缘计算系统[20]。

随着学术界对边缘计算的研究和讨论的深入，各国政府和工业界也开始对其进行关注。2016 年 5 月，美国自然科学基金委（National Science Foundation, NSF）在计算机系统研究中将边缘计算替换云计算，列为突出领域。2016 年 8 月，美国自然科学基金委和英特尔公司专门讨论针对无线边缘网络上的信息中心网络（NSF/Intel partnership on ICN in wireless edge networks, ICNWEN）[21]。同年 10 月，美国自然科学基金委举办边缘计算重大挑战研讨会[22]，会议针对三个方面的议题展开研究，即边缘计算在未来 5～10 年的发展目标，达成目标所带来的挑战，学术界、工业界和政府应该如何协同合作来应对挑战。这标志着美国政府已经开始针对边缘计算的研究进行整体布局。与此同时，工业界也在努力推动边缘计算在产业领域的快速发展。2015 年 9 月，欧洲电信标准化协会发表关于移动边缘计算的白皮书[23]，并在 2017 年 3 月将移动边缘计算行业规范工作组正式更名为多接入边缘计算（multi-access edge computing, MEC）[24]，致力于更好地满足边缘计算的应用需求和相关标准的制定。2015 年 11 月，思科、ARM、戴尔、英特尔、微软等企业和普林斯顿大学联合成立 OpenFog 联盟[25]，主要致力于 OpenFog 参考框架的编写。为了推进和应用场景在边缘的结合，该组织于 2018 年 12 月并入工业互联网联盟。国内对边缘计算的研究几乎与世界同步。2016 年 11 月，华为公司、中国科学院沈阳自动化研究所、中国信息通信研究院、英特尔公司、ARM 公司等在北京成立边缘计算产业联盟（Edge Computing Consortium，ECC）[26]，致力于"政产学研用"各方产业资源合作，引领边缘计算产业的健康、可持续发展。2017 年 5 月，首届中国边缘计算技术研讨会在合肥召开，同年 8 月中国自动化学会边缘计算专业委员会成立，标志着边缘计算的发展在中国已经得到专业学会的认可和推动。与此同时，中国国家自然科学基金委也开始设立边缘计算相关的各类课题，标志着政府层面已经开始重视边缘计算。

9.2.3 边缘计算的研究内容

随着物联网成为人们日常生活和环境的一部分，联网设备的数量快速增长，移动边缘计算也因此被视为有前途的解决方案，用来处理大量对安全性和时间敏感的网络边缘数据。移动边缘计算是一种将云计算和云存储能力从核心网络延伸到网络边缘的新型网络架构，能够有效减小系统延迟和数据传输带宽，提高网络资源的可用性，缓解核心网压力，更好地保护用户数据的隐私。移动边缘计算研究的关键问题包括移动边缘计算架构、计算卸载、边缘缓存、资源管理和服务编排。

（1）移动边缘计算融入蜂窝网络与 5G 系统的启用是同时进行的。移动边缘计算的目的是提供基础设施，方便在移动用户和终端设备附近提供计算和存储资源。设计移动边缘计算架构，从而实现模块化和开放式的解决方案，提供针对移动边缘场景的编程模型，允许服务商获取更多的用户相关信息，并提高用户体验质量。Rimal 等[27]考虑了移动边缘计算架构结合现有的集成光纤无线接入网络，设置了一些具备无线光纤接入能力的网络接入点（access point，AP）作为放置移动边缘计算服务器的候选位置，实验结果表明，该架构有较高的时间响应效率，还延长了网络边缘设备的电池寿命。为了降低移动增强现实（augment reality，AR）类应用程序的长处理延迟和高能耗，Ren 等[28]基于移动边缘计算框架开发了一种分层计算体系结构，由用户层、边缘层和云层组成，其中边缘层无缝集成通信、计算和控制功能，同时在这个框架下开发出一种能同时支持不同移动用户使用多个 AR 类应用程序的机制。

（2）计算卸载，即将移动终端的计算任务卸载到边缘网络，解决了设备在资源存储、计算性能以及能效等方面存在不足的问题。同时相比于云计算中的计算卸载，移动边缘计算解决了网络资源占用、高时延和额外网络负载等问题。Huang 等[29]采用了二进制卸载策略的移动边缘计算网络，设计了一种能使任务卸载决策和无线资源分配最佳适应时变无线信道条件的在线算法，提出了一种基于深度强化学习的在线卸载框架，在现有基准近似的最佳性能下，显著减小了计算时延。为了最大限度地减少边缘设备的任务卸载时间，同时优化其能耗并保持负载平衡，Xu 等[30]提出了一种基于区块链的计算卸载方法，采用区块链技术确保数据完整性，再通过加性加权和多准则决策确定最佳计算卸载策略。

（3）边缘缓存是利用缓存的边缘节点存储受欢迎的内容，可以直接从缓存节点而不是从远程云传输这些内容，可以显著减小回程链路中的流量负载。边缘缓存是减少无线回传链路重复流量并提高 5G 网络用户体验质量的有效方法，以满足 5G 网络对更严格的延迟和更高吞吐量的需求[31]。Hou 等[32]在移动边缘计算框架的主动缓存机制下，提出了一种基于学习的协同缓存策略，通过共同优化多个缓存节点来降低缓存成本。此模型使用迁移学习来估计内容受欢迎程度，采用贪婪算法选择缓存放置位置。Yao 等[33]对现有的边缘缓存研究进行了充分的调查，分别从缓存位置、缓存标准、缓存策略和缓存过程进行讨论，同时为了充分利用移动边缘缓存的潜力，还考虑到无线网络中的独特挑战，如不确定的信道、干扰、用户移动性、有限的终端设备电池寿命和用户隐私安全，确定了未来的研究方向。

（4）无线资源和计算资源的综合管理是移动边缘计算系统设计中的重要组成部分，需要针对不同的系统设置解决不同的资源管理问题。目前，资源分配节点主要分为单节点分配和多节点分配，通过分配节点将计算任务卸载到移动边缘计算服务器，可分割的计算任务会在分割后再分配到单个或多个移动边缘计算服务器。如果移动设备已经将计算任务卸载，那么服务器必须对移动边缘计算资源进行适当的分配。同样，移动边缘计算资源的分配也会受到任务并行性的影响。如果被卸载的计算任务不支持并行计算，则只能分配一个边缘节点执行计算任务，反之，则可以通过多个边缘节点合作的方式来处理卸载的计算任务。Tran 等[34]在多小区移动边缘计算网络中联合任务卸载和资源分配提出了一种整体策略，将资源分配问题解耦为两个独立的子问题，即上行链路功率分配和计算资源分配，并分别使用准凸和凸优化技术来解决该问题。Feng 等[35]研究了在移动边缘计算中应用网络切片技术时运营商的平均收益最大化问题，利用李雅普诺夫优化技术设计了一种随机优化框架，用来解决长期时隙中的切片请求准入和短期时隙中的资源分配问题。

（5）移动边缘计算的服务质量依赖服务编排功能，借助服务编排尽可能复用基于网络功能虚拟化的基础架构，并将虚拟化网络功能和应用程序托管到相同或相似的基础设施，这也需要移动边缘计算系统能够根据第三方的需求实例化或终止应用程序。在执行服务编排时，资源管理、服务放置以及边缘节点的选择，对提高网络资源利用率、提升用户体验质量和服务可靠性至关重要。

9.3 机会传输与移动边缘计算

近年来，移动智能终端设备的大规模普及和日益强大的运算能力使得人们不断更新对边缘计算模式中边缘界限的认知。尽管如此，目前人们在边缘计算模型中对边缘设备的界定仍然停留在传统移动蜂窝网络的边缘设备上，如基站、微蜂窝等，在各种研究中基于不同应用场景的各类算法也在此位置进行开展和部署。与此同时，移动终端设备丰富的软硬件资源也引起了人们的关注，学术界把这些泛在的、散落的、无组织的移动设备看成一个机会网络，充分挖掘其潜能来进行数据感知、收集和传输，从而开展很多有意义的应用。但是，非常遗憾，目前，无论是对移动机会网络的研究还是对移动边缘计算的研究几乎是各自独立进行的，相互交叉的内容非常有限。因此，移动智能终端设备是否能够替代基站、微蜂窝等来承担数据处理的功能，从而成为真正的边缘设备，进一步推动移动边缘计算模型的下沉，实现整个网络在服务方面的深度融合，是一个尚未引起关注且非常值得探讨和研究的问题。

设备网联接口的普及促进了对异构设备无处不在的远程访问，服务的去中心化也正在把各种计算、存储等功能向网络边缘推进[36]。移动边缘计算基于分布式设计的网络架构和下沉的计算及存储资源相对于以云为中心的集中式服务模式更好地满足了移动用户的需求。移动机会网络和基于移动机会网络的移动边缘计算也是基于分布式设计的，其组织形态完全依赖无线网络架构，在不清楚网络拓扑结构且缺少端到端网络连接的情况下，能够利用动态存在的相邻节点建立连接。移动机会网络通过查找可能的机会节点来创建动态路由拓扑，使动态路由更接近目的节点。借助机会计算功能，所有应用都在本地进行数据采样和加工，通过分布式方式使其他用户不需要接入中央处理节点就能够参与[37]。通常为了使边缘设备实现无缝连接，移动边缘计算通过异构网络生成并交换大量数据。移动机会网络中利用其不断移动的节点简化了异构性的概念，在为移动节点间提供连接性的同时，减少了对集中式网络架构的依赖[38]。将移动边缘计算网络框架与机会传输相结合，在边缘节点和移动设备上运行的程序和服务可以直接通过通信并机会地完成信息交互[39]。结合机会传输的移动边缘计算新模式是基于移动设备和基础架构的共享资源的意愿而动态地发现、构建和管理的。该模式的主要优势在于更接近移动用户、能够即时创建网络架构、自适应地扩展服务范围并提高成本效益。同时，移动机会网络与移动边缘计算的融合可以充分利用前者的数据采集、机会传输、存储、处理等功能，使得部分应用和服务在本地就可以完成。

学术界已经对移动机会网络与移动边缘计算的融合展开了探索。文献[40]提出了一种点对点架构，通过异构设备对计算进行了机会卸载。其中，每个移动节点都可以基于自己的需求选择将一些任务转移到其他设备，建立的对等体系结构也有利于构建机会网络框架来利用附近资源。

　　从具体的应用场景来看，在从智慧车联网到智慧医疗环境的多个移动边缘计算应用领域，机会传输能够显著提高系统性能[41]。例如，在智慧车联网中，停放在停车场的联网汽车自身的计算资源可以被利用，创造了一个微数据中心，可以更靠近附近的移动用户。在道路上行驶的联网汽车也可以利用自身的缓存资源，通过与附近车辆的机会通信互相交换信息，降低实时获取本地数据的时延和提高附近道路交通信息的有效性。又如，在普遍的医疗保健场景中，需要新颖的技术来对患者进行连续的远程和多参数监视，可以大大减少慢性疾病患者的住院时间。在这种情况下，通过患者持有的移动设备收集由体域网（body area network, BAN）感测的人体信息，并将其发送到远程医疗中心。如图 9-1 所示，也可以通过机会传输利用环境中可用的其他资源（如环境传感器）或其他移动用户设备（如其他配备移动设备的患者或护理人员）上的可用资源来丰富传输给医院的患者信息。通过利用环境中其他可用设备的功能，每个个人移动设备可以收集多参数数据，不仅包括患者的生化参数和功能参数，还包括与他人接触的历史、是否受到来自环境的刺激、附近环境措施等。

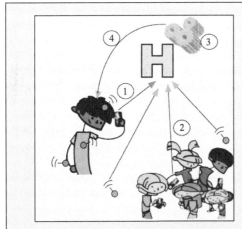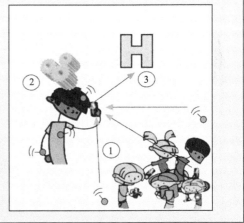

图 9-1　医疗保健场景中的机会计算

9.4　边缘计算中的视频应用

　　随着物理世界和信息世界的密切互联和深度融合，人们已经不再满足于对传统简单数据的获取，而视频数据由于其内容自身的丰富性和易读性，以及对信息传递的准确性和完备性，开始成为人们关注的感知信息载体。与此同时，大规模普及的移动智能终端设备（手持和车载等）不仅为移动机会网络的组网提供了现实基础，内置摄像头等传感单元也赋予了人们随时随地对外部环境进行视频感知的能力。基于移动智能终端的各种应用（如微信、移动 QQ 等），已经开始针对个人用户提供面向视频数据的各种功能，政府职能部门也希望以更加准确、便捷的视频流形式为公众提供各种公益性服务，如智能交通、环境监控等。因此，基于视频的各种应用必将是移动边缘计算模式中占比最高的应用类型。

与一般数据相比，视频数据自身的特点决定了其不一样的要求。随着人工智能的兴起，很多相关的应用都需要在一定的时间约束下对视频数据进行采集、传输，并完成对视频内容的识别、分析和提取，以保证服务的时效性。严苛的实时性要求和过于庞大的数据都给传输和处理带来了很大的挑战，特别是对高清视频内容的快速处理需要很高的软硬件资源作为支撑。基于边缘计算的视频处理可以解决视频计算带来的资源高开销和处理速度的问题，同时，处理位置的边缘化也缩短了视频数据的传输距离，在提高服务时效性的同时也极大地降低了视频传输对网络带宽资源的过度占用。因此，相对于传统的基于云的数据中心集中处理模式，边缘计算模式更加适合对视频应用数据的处理和基于视频数据的服务提供。边缘计算中基于视频内容的典型应用场景如下。

1. 智慧城市中的公共安全防控

公共安全防控体现在社会的方方面面，但是随着城市建设的升级和基础设施的智慧化，大量的视频采集设备部署在各个角落；同时，商铺和家庭也开始逐渐引入视频安防设备来提高对所关注区域的情景感知能力。因此，传统的公共安全防控体系已经转变为以视频大数据为基础、以数据挖掘和人工智能技术为支撑的智能化公共安全防控体系。2016 年 6 月，全国第一批 50 个公共安全视频监控建设联网应用工作示范城市先行先试；同时，中央已将公共安全视频监控系统建设纳入"十三五"规划和国家安全保障能力建设规划，部署开展"雪亮工程"建设。"雪亮工程"是以县、乡、村三级综治中心为指挥平台、以综治信息化为支撑、以网格化管理为基础、以公共安全视频监控联网应用为重点的"群众性治安防控工程"。它通过三级综治中心建设把治安防范措施延伸到群众身边，发动社会力量和广大群众共同监看视频监控，共同参与治安防范，从而真正实现治安防控全覆盖、无死角。以武汉市为例，到 2019 年底，全市部署的公共安全视频监控总量超过 180 万个，这得益于"雪亮工程"。全市刑事有效警情同比下降 27.2%，为群众提供了诸如找回走失老人与儿童、追回丢失贵重物品等服务累计 1 万起[42]。此外，随着共享经济的发展，各种共享汽车服务也发展起来。这些产品在给公众提供便利的同时也时常引发公共安全事件，如司机对乘客进行骚扰、乘客劫持司机等。为了使乘客和司机的安全得到保障，滴滴公司已经在司机端加入服务时段的自动录音功能。但是，想要进一步提高安全性，震慑犯罪分子，防止各种刑事案件的发生，最终还要依赖视频技术，但这将会导致大量的网络资源和计算资源开销。按照 Uber 在 2017 年的使用情况[43]，其每分钟使用次数为 45787 次，假定每次使用时长 20min，则每天云端要增加 9.23PB 的视频数据。如果采用基于机会传输的移动边缘计算模式，这些视频数据可以在近端完成处理和分析，从而大大降低了其对网络带宽和存储的占用[44]。

虽然当前城市中部署了大量的摄像头，但是绝大多数的摄像头只有视频采集功能而不具备前置的计算功能，需要将数据传输至数据中心进行处理，或者当有事件发生时，需要人工的方式对视频内容进行过滤和筛选。大量的视频数据都要传输到数据中心进行处理显然在开销和时效性上都存在问题，而如果把这些视频数据发送到本地的一个边缘设备（可以是专门部署，也可以是随机选择）上进行处理，则完全可以解决上述问题。文献[45]也提出了一种基于边缘计算的视频有用性检测系统，其可以通过在前端或者靠近视频源的位置对视频内容进行判断。文献[46]则基于边缘计算技术开发了报警助手，其可以自动化地在边缘设备上部署视频分析程序，并与附近的边缘设备进行协同，对视频数据进行实时处理，同时和周边摄像头（固定或者移动）进行联动，以完成对犯罪车辆的实时定位和跟踪。

2. 智慧城市中的交通控制

随着经济的发展、城市的扩容和人们收入水平的提高，交通拥堵成为现今中国各个城市的普遍现象。尽管大量的城市一再拓宽道路，修建各种地上地下通道，但仍然无法缓解快速增长的机动车数量给城市交通带来的压力。当今城市中的交通系统在数十年的发展过程中，首先将重点放在私人交通上，其次是公共交通，最后才是适当地考虑自行车和行人。优先性的转变通常会导致道路路网和交通控制系统无法同时满足所有的道路使用者：私人交通所希望的绿灯会受到公交优先的影响，有轨电车和公交车受制于交通拥堵而无法在专用的绿灯时间内通过，自行车拥有自己的非机动车车道，但仍需要在交叉路口前停车，行人需要等待漫长的红灯时间且过街所需的步行距离太长。与此同时，城市污染和总体出行需求又在急剧上升，为每一种交通系统增加了更多的压力，也暴露出它们的缺陷。当然，在无法同时满足所有交通方式的前提下，人们所期望的未来智能交通系统需要达到以下要求。①性能。智能交通系统的主要作用是帮助所有的道路使用者，包括各种交通出行方式，以最小的延误达到他们的目的地。因此，系统需要了解当前并预计未来的交通状况，满足多模式出行方式，并更有效地进行交通管理。②便于实施。设备维护也是一大关键问题，使得系统需要根据交通结构的变换随之调整，另外，还需要使系统运营者能够对系统进行快速调整，仿真并测试相关的控制参数，尤其是要尽可能地避免重复工作。因此，以视频监控为支撑的自适应交通信号系统应运而生[47]。

基于部署的交通监控摄像头可以完成对监控路段在不同日期、不同时间段的数据分析，从宏观上掌握车流量的规律性信息；同时，也可以基于实时采集的交通信息完成即时分析，获得瞬态的交通状况信息。基于上述信息可以完成对拥堵路段沿途红绿灯系统的联动控制，从而尽可能地保证交通的顺畅。同样，如果路面发生突发事故，基于实时的视频内容分析，也可以通过对红绿灯系统的临时干预来保证交通的有序通畅。交通监控视频一般是高清视频，数据量非常大，按照传统的方法对这些视频数据进行汇聚，然后进行集中处理，远无法满足服务的需求，同时，交通拥堵的局部性也使得对视频数据进行集中统一处理没有必要。基于交通拥堵的本地视频边缘计算则能很好地解决该问题，通过本地部署或者临时选取的边缘设备对视频数据进行计算，把计算结果反馈给自适应交通信号系统进行实时决策，从而完成对交通信号的适时调整。

3. 智能网联汽车和自动驾驶

随着机器视觉、深度学习和传感器等技术的发展，汽车除了充当交通工具的角色之外，正在逐渐演变成一个智能互联的计算机系统，也就是当前大家最为关注的智能网联汽车。伴随着智能网联汽车的出现，一系列全新的应用场景也应运而生，如自动驾驶[48]、车联网[49]等。其中，自动驾驶无疑是目前最为火热的研究方法之一，国内外各大汽车制造厂商都在致力于该领域的研究。围绕该应用场景不仅有经典的自动驾驶算法评测数据集，还有针对不同自动驾驶阶段而开发的经典视觉算法[50-52]。工业界对此做了大量的工作，学术界的很多前沿工作也开始探索在边缘计算平台上的智能网联汽车的系统设计。文献[53]将自动驾驶分为感知、理解和决策三个处理阶段，并比较其在不同异构硬件上的执行效果。文献[54]对比了理解阶段三个核心应用，即定位、识别和追踪在 GPU、FPGA 和 ASIC 不同组合运行的时延和功耗，从而给端到端的制动驾驶计算平台的设计提供指导。除了硬件系统结构设计，一些完整的软件协议栈也被研发出来用于自动驾驶系统的实现，如百度的 Apollo[55] 和日本早稻田大学的 Autoware[56] 等。然而，无论是自动驾驶还是由智能网联汽车衍生出来的其他应用场景都需要进行视频数据感知、视频数据交互、视频数据处理，如车辆启动的用户身份认证、司机驾驶状态判定、车道监控和偏离报警等。

4. 虚拟现实

虚拟现实（virtual reality，VR）和 AR 技术的出现彻底改变了用户与虚拟世界的交互方式。为了保证用户的体验质量，每一帧图片的渲染都需要具有很强的实时性，而将 VR/AR 的计算任务卸载到边缘服务器或者移动设备上可以有效降低平均处理时延[57]。MUVR[58]就是一个在边缘服务器上支持多用户 VR 程序的处理框架，将 VR 图像渲染卸载到边缘服务器，并尝试重用用户之前的 VR 视频帧，以降低边缘服务器的计算和通信负担。Furion[59]是一个移动端 VR 框架，将 VR 负载分为前景交互和背景环境，前者依然在云端处理，而背景环境渲染则卸载到移动端进行处理，由此实现在移动设备上高质量的 VR 应用。文献[60]则设计了一个基于 VR 与边缘计算的可穿戴认知助手，Google Glass 用于数据采集、接收，并显示 VR 图像，而图片渲染、人脸识别等计算任务在边缘设备上执行，利用"轻节点"与边缘设备的协作有效解决可穿戴设备电池容量以及处理能力有限的问题。

9.5　边缘计算中的视频应用关键技术

边缘计算从以 Cloudlet 为雏形进入人们的视野到现在已经过去十余个年头，在学术界引起了强烈反响，同时在工业界也得到广泛重视并在很多应用场景下开花结果。但是，随着移动设备能力的提升，边缘计算模型中边缘界限的进一步下沉成为必然。边缘下沉给网络和应用本身带来好处的同时也会带来很多技术上的挑战，特别是针对流式的视频相关应用场景。

1. 面向移动设备的边缘计算架构

移动边缘计算的本质是希望在网络的边缘部署各种应用程序来完成云计算承担的部分功能，但是，移动边缘计算并不为单个特定的应用程序提供独立的解决方案。换句话说，移动边缘计算在本质上与云计算一致，也提供基础设施，以便在用户附近提供计算和存储能力来满足广泛的服务需求。为了满足上述要求，需要边缘计算模型能够实现模块化并提供开放的接口，需要边缘计算架构作为支撑。在当前的研究中，人们倾向于把基站或者微蜂窝当作边缘设备，或者是在基站侧专门部署边缘设备，然后基于此进行边缘计算架构的研发和部署。但是，随着边缘计算模型中网络边缘的进一步下沉，一台计算和存储能力强大的终端设备，如智能车联网场景中的车载终端、海上搜救场景下的舰载设备等，都有可能被当作边缘设备而按需进行边缘计算架构的部署。这样不仅使得边缘计算模型更加灵活地适用于不同的应用场景，还能有效提高计算模型的服务性能。但是，边缘设备的移动性则给计算架构的设计带来新的要求。当前无论是 ETSI MEC 参考架构[61]、OpenFog[62]还是欧盟资助的 SESAME 项目提出的 CESC[63]都以固定的边缘设备为参考对象，都没有考虑边缘设备移动性带来的问题和针对特定应用场景按需部署的问题，特别是在流式视频的场景下持续不断的数据流处理需求必然会带来与一般数据服务有本质差异的问题。

2. 面向流式视频应用的边缘设备选择

边缘设备的移动性不仅对边缘计算架构提出了新的要求，也带来了边缘设备部署选择的问题。随着基于移动终端的各类应用的兴起，很多实际的应用场景都是基于特定范围的移动设备进行的。例如，在海上发生事故时对落水人员的搜救是最为紧要的问题。参与搜救的船只、直升机等都会通过视频等形式把收集的数据发送给边缘设备进行快速处理，以完成对目标的识别。在种类应用场景中，如何选择边缘设备进行相关视频边缘计算应用的部署成为一个非常重要的问题。所有的数据收集节点都通过直接传输、无线多跳传输或者机会传输的方式把收集到的视频数据源源不断地投递到边缘设备，而边缘设备要负责在第一时间完成对所有接收到的视频数据的处理。时效性是保证搜救任务能否成功的关键，因此如何保证所有数据都能够在被采集到处理完成的时间最短成为在该类应用场景中进行边缘设备选择的依据。当然，在不同的应用场景下有不同的应用需求，所以边缘设备选择的标准也不一样，视具体情况而定。

3. 面向流式视频应用的边缘设备协同

一方面，持续的视频流不仅消耗掉大量的存储资源，同时过高的视频数据处理需求也会增加边缘设备对数据处理的时延；另一方面，节点的移动性也会导致移动设备作为边缘设备的适用性发生变异，从而要求对边缘计算的相关应用进行重新部署，以满足具体应用的服务需求。无论是需要额外部署新的边缘设备来对计算任务进行分担，还是重新部署边缘设备来对过时的边缘设备进行替换都需要边缘设备间的协同。对于前一种应用场景，不同的边缘设备要对持续的视频流处理需求进行合理分配，使得总体服务质量最优，而不能出现因为多个边缘设备的存在造成计算任务随机分担的现象。而在后一种应用场景中，当前的边缘设备要能够对服务质量进行监测并在服务指标恶化之前及时完成对最优接力边缘设备的选择，从而完成服务的无缝衔接。

4. 面向流式视频的计算迁移

在传统的边缘计算模式中，往往是单个节点基于各自不同的应用需求向边缘设备传送数据并提出数据处理需求。而在基于移动机会网络的很多场景中，往往是很多移动设备或用户基于同一个应用需求向边缘设备进行计算迁移并提出服务需求。边缘设备的移动性和数据采集用户自身的移动性，再加上视频数据自身的持续性，使得计算迁移的复杂性远远高于传统边缘计算模型中的计算迁移过程。首先，多个移动边缘设备的存在使得每个数据采集用户必须对计算迁移的目标边缘设备进行动态规划；其次，多个移动数据采集用户之间在进行计算迁移时必须进行密切协作和优化调度，从而从总体的服务质量加以保证。

5. 面向持续视频流的服务编排

在传统的边缘计算模型中，通常的数据处理模式都是弱资源的用户把自己的数据上传到边缘设备，依靠其强大的存储和运算能力来进行计算并把结果反馈给用户，从而完成服务提供。相对来讲，每个用户的数据持续性较弱，其对边缘设备资源的占用时间也较短，所以服务的编排比较简单。当多个用户基于不同应用持续不断地产生视频数据，且请求边缘节点进行数据运算并进行服务提供时，服务的编排就会变得异常复杂。首先，如果某一个应用由多个节点采集的视频流进行支撑，则需要考虑到多个节点间的联合服务提交问题；其次，当多个应用在单个边缘节点上进行服务编排时，持续的视频流对资源的占用在时间维度呈现一定的持续性，因此要考虑多个应用对资源占用的公平性问题和服务质量的联合优化问题，如基于不同的时效性要求在服务编排时对不同的应用设置优先级，在处理时进行统一调度等；再次，如果由多个边缘设备对多个流视频应用进行协同计算和服务提供，则要考虑多个边缘设备的服务联合编排问题；最后，边缘下沉以后边缘设备的移动性必然带来面向持续视频流的服务动态编排问题，同时用户的移动性也会带来应用任务的动态联合提交问题，这就使得服务的编排更加复杂。

9.6　本章小结

边缘计算是最近几年被学术界和工业界广泛讨论的一个话题，随着研究的深入，人们对边缘计算的认识也不断发生变化。移动智能终端设备在计算和存储能力方面的不断强化使得人们对边缘计算模型中边缘的界定进一步下沉，这就使得边缘计算和移动机会网络融合。视频数据已经成为移动互联网上主要的数据形式，很大一部分应用都要依赖视频数据作为支撑，因此对视频数据的处理将是未来边缘计算的主要内容。本章从边缘计算与移动机会网络融合的角度出发，探讨机会传输给边缘计算带来的问题和挑战，边缘计算中典型的视频应用场景、边缘计算中面向视频类应用时需要的关键技术。希望通过对上述问题的讨论和探索，为边缘计算在视频类应用领域的发展做出微薄的贡献。

参 考 文 献

[1] Voigt P, Bussche A V D. The EU General Data Protection Regulation (GDPR): A Practical Guide. Cham: Springer International Publishing, 2017.

[2] Data Center Knowledge. Here's how much energy all us data centers consume. https: //www. datacenterknowledge.com/archives/2016/06/27/heres-how-much-energy-all-us-data-centers-consu me[2016-6-27].

[3] Weisong S, Hui S, Jie C, et al. Edge computing-an emerging computing model for the internet of everything era. Journal of Computer Research and Development, 2017, 54(5): 907-924.

[4] Shi W S, Cao J, Zhang Q, et al. Edge computing: vision and challenges. IEEE Internet of Things Journal, 2016, 3(5): 637-646.

[5] Shi W, Zhang X, Wang Y, et al. Edge computing: state-of-the-art and future directions. Journal of Computer Research and Development, 2019, 56(1): 69-89.

[6] Marotta M A, Faganello L R, Schimuneck M A K, et al. Managing mobile cloud computing considering objective and subjective perspectives. Computer Networks, 2015, 93(24): 531-542.

[7] Taleb T, Ksentini A. Follow me cloud: interworking federated clouds and distributed mobile networks. IEEE Network, 2013, 27(5): 12-19.

[8] Satyanarayanan M, Bahl P, Caceres R, et al. The case for VM-based cloudlets in mobile computing. IEEE Pervasive Computing, 2009, 8(4): 14-23.

[9] Mukherjee M, Shu L, Wang D. Survey of fog computing: fundamental, network applications, and research challenges. IEEE Communications Surveys & Tutorials, 2018, 20(3): 1826-1857.

[10] Barbarossa S, Sardellitti S, di Lorenzo P. Communicating while computing: distributed mobile cloud computing over 5G heterogeneous networks. IEEE Signal Processing Magazine, 2014, 31(6): 45-55.

[11] Chiang M, Zhang T. Fog and IoT: an overview of research opportunities. IEEE Internet of Things Journal, 2016, 3(6): 854-864.

[12] Gu Y N, Chang Z, Pan M, et al. Joint radio and computational resource allocation in IoT fog computing. IEEE Transactions on Vehicular Technology, 2018, 67(8): 7475-7484.

[13] Peng M G, Sun Y H, Li X L, et al. Recent advances in cloud radio access networks: system architectures, key techniques, and open issues. IEEE Communications Surveys & Tutorials, 2016, 18(3): 2282-2308.

[14] Wu J, Zhang Z F, Hong Y, et al. Cloud radio access network (C-RAN): a primer. IEEE Network, 2015, 29(1): 35-41.

[15] Hu Y C, Patel M, Sabella D, et al. Mobile edge computing-a key technology towards 5G. ETSI

White Paper, 2015, 11(11): 1-16.

[16] 谢人超, 廉晓飞, 贾庆民, 等. 移动边缘计算卸载技术综述. 通信学报, 2018, 39(11): 138-155.

[17] 张开元, 桂小林, 任德旺, 等. 移动边缘网络中计算迁移与内容缓存研究综述. 软件学报, 2019, 30(8): 2491-2516.

[18] Moura J, Hutchison D. Game theory for multi-access edge computing: survey, use cases, and future trends. IEEE Communications Surveys & Tutorials, 2019, 21(1): 260-288.

[19] Sabella D, Vaillant A, Kuure P, et al. Mobile-edge computing architecture: the role of MEC in the internet of things. IEEE Consumer Electronics Magazine, 2016, 5(4): 84-91.

[20] 施巍松, 张星洲, 王一帆, 等. 边缘计算: 现状与展望. 计算机研究与发展, 2019, 56(1): 69-89.

[21] NSF. NSF/Intel partnership on information-centric networking in wireless edge networks (ICN-WEN). http: //www.nsf.gov/funding/pgm_summ.jsp?pims_id=505310[2018-11-5].

[22] NSF. NSF workshop report on grand challenges in edge computing. https://dsg.tuwien. ac.at/Staff/sd/papers/Bericht_NSF_S_Dustdar.pdf [2018-12-18].

[23] Hu Y C, Patel M, Sabella D, et al. Mobile edge computing-a key technology towards 5G. ETSI White Paper, 2015, 11(11): 1-16.

[24] ETSI. Multi-access edge computing (MEC). https://www.etsi.org/technologies/multi-access-edge-computing [2018-11-5].

[25] OpenFog Consortium. OpenFog. https://opcfoundation.org/markets-collaboration/openfog/[2018-11-4].

[26] ECC. Edge computing consortium. http: //www.ecconsortium.org/[2018-11-3].

[27] Rimal B P, Van D P, Maier M. Mobile edge computing empowered fiber-wireless access networks in the 5G era. IEEE Communications Magazine, 2017, 55(2): 192-200.

[28] Ren J K, He Y H, Huang G, et al. An edge-computing based architecture for mobile augmented reality. IEEE Network, 2019, 33(4): 162-169.

[29] Huang L, Bi S Z, Zhang Y J A. Deep reinforcement learning for online computation offloading in wireless powered mobile-edge computing networks. IEEE Transactions on Mobile Computing, 2019, 19(11): 2581-2593.

[30] Xu X L, Zhang X Y, Gao H H, et al. BeCome: blockchain-enabled computation offloading for IoT in mobile edge computing. IEEE Transactions on Industrial Informatics, 2020, 16(6): 4187-4195.

[31] Kwak J, Kim Y, Le L B, et al. Hybrid content caching in 5G wireless networks: cloud versus edge caching. IEEE Transactions on Wireless Communications, 2018, 17(5): 3030-3045.

[32] Hou T T, Feng G, Qin S, et al. Proactive content caching by exploiting transfer learning for mobile edge computing. International Journal of Communication Systems, 2018, 31(11): e3706.

[33] Yao J J, Han T, Ansari N. On mobile edge caching. IEEE Communications Surveys & Tutorials, 2019, 21(3): 2525-2553.

[34] Tran T X, Pompili D. Joint task offloading and resource allocation for multi-server mobileedge computing networks. IEEE Transactions on Vehicular Technology, 2019, 68(1): 856-868.

[35] Feng J, Pei Q Q, Yu F R, et al. Dynamic network slicing and resource allocation in mobile edge computing systems. IEEE Transactions on Vehicular Technology, 2020, 69(7): 7863-7878.

[36] Kaur K, Garg S, Kaddoum G, et al. Demand-response management using a fleet of electric vehicles: an opportunistic-SDN-based edge-cloud framework for smart grids. IEEE Network, 2019, 33(5): 46-53.

[37] Mascitti D, Conti M, Passarella A, et al. Service provisioning in mobile environments through opportunistic computing. IEEE Transactions on Mobile Computing, 2018, 17(12): 2898-2911.

[38] Lohachab A, Jangra A. Opportunistic internet of things (IoT): demystifying the effective possibilities of opportunisitc networks towards IoT//2019 6th International Conference on Signal Processing and Integrated Networks, Noida, 2019: 1100-1105.

[39] Dede J, Förster A, Hernández-Orallo E, et al. Simulating opportunistic networks: survey and future directions. IEEE Communications Surveys & Tutorials, 2018, 20(2): 1547-1573.

[40] Mtibaa A, Harras K A, Habak K, et al. Towards mobile opportunistic computing//2015 IEEE 8th International Conference on Cloud Computing, New York, 2015: 1111-1114.

[41] Zhang K, Mao Y M, Leng S P, et al. Mobile-edge computing for vehicular networks: a promising network paradigm with predictive off-loading. IEEE Vehicular Technology Magazine, 2017, 12(2): 36-44.

[42] 新华社. 武汉推进"雪亮工程"视频监控探头将增至 150 万个. http://m.xinhuanet.com/hb/2018-07/18/c_1123143898.htm[2018-10-15].

[43] Domo Inc. Data never sleeps 5.0. https://www.domo.com/learn/data-never-sleeps-5[2018-10-13].

[44] Zhang Q Y, Yu Z F, Shi W S, et al. Demo abstract: EVAPS: edge video analysis for public safety//2016 IEEE/ACM Symposium on Edge Computing, Washington D. C., 2016: 121-122.

[45] Sun H, Liang X, Shi W S. VU: video usefulness and its application in large-scale video surveillance systems: an early experience//Proceedings of the Workshop on Smart Internet of Things, New York, 2017: 1-6.

[46] Zhang Q Y, Zhang Q, Shi W S, et al. Distributed collaborative execution on the edges and its application to AMBER alerts. IEEE Internet of Things Journal, 2018, 5(5): 3580-3593.

[47] Dimitrakopoulos G, Demestichas P. Intelligent transportation systems. IEEE Vehicular Technology Magazine, 2010, 5(1): 77-84.

[48] Geiger A, Lenz P, Urtasun R. Are we ready for autonomous driving? The KITTI vision benchmark suite//2012 IEEE Conference on Computer Vision and Pattern Recognition, Providence, 2012: 3354-3361.

[49] Gerla M, Lee E K, Pau G, et al. Internet of vehicles: from intelligent grid to autonomous cars and vehicular clouds//2014 IEEE World Forum on Internet of Things (WF-IoT), Seoul, 2014: 241-246.

[50] Mur-Artal R, Tardós J D. ORB-SLAM2: an open-source SLAM system for monocular, stereo, and RGB-D cameras. IEEE Transactions on Robotics, 2017, 33(5): 1255-1262.

[51] Liu W, Anguelov D, Erhan D, et al. SSD: single shot multibox detector// Computer Vision—ECCV 2016: 14th European Conference, Amsterdam, 2016: 21-37.

[52] Xiang Y, Alahi A, Savarese S. Learning to track: online multi-object tracking by decision making//2015 IEEE International Conference on Computer Vision, Santiago, 2015: 4705-4713.

[53] Liu S S, Tang J, Zhang Z, et al. Computer architectures for autonomous driving. Computer, 2017, 50(8): 18-25.

[54] Lin S C, Zhang Y Q, Hsu C H, et al. The architectural implications of autonomous driving: constraints and acceleration//Proceedings of the Twenty-Third International Conference on Architectural Support for Programming Languages and Operating Systems, Santiago, 2018: 751-766.

[55] Baidu. Apollo open platform. http://apollo.auto/index.html[2018-11-5].

[56] Kato S, Takeuchi E, Ishiguro Y, et al. An open approach to autonomous vehicles. IEEE Micro, 2015, 35(6): 60-68.

[57] Satyanarayanan M. The emergence of edge computing. Computer, 2017, 50(1): 30-39.

[58] Li Y, Gao W. MUVR: supporting multi-user mobile virtual reality with resource constrained edge cloud//2018 IEEE/ACM Symposium on Edge Computing, Seattle, 2018: 1-16.

[59] Lai Z Q, Hu Y C, Cui Y, et al. Furion: engineering high-quality immersive virtual reality on today's mobile devices//Proceedings of the 23rd Annual International Conference on Mobile Computing and Networking, Snowbird, 2017: 409-421.

[60] Ha K, Chen Z, Hu W L, et al. Towards wearable cognitive assistance//Proceedings of the 12th Annual International Conference on Mobile systems, Applications, and Services, Brighton, 2014: 68-81.

[61] Contreras L M, Bernardos C J. Overview of architectural alternatives for the integration of ETSI MEC environments from different administrative domains. Electronics, 2020, 9(9): 1392-1412.

[62] OpenFog Consortium Architecture Working Group. OpenFog architecture overview. http://site.ieee.org/denver-com/files/2017/06/OpenFog-Architecture-Overview-WP-2-2016.pdf[2016-5-1].

[63] Giannoulakis I, Xylouris G, Kafetzakis E, et al. System architecture and deployment scenarios for SESAME: small cells coordination for multi-tenancy and edge services//2016 IEEE NetSoft Conference and Workshops (NetSoft), Seoul, 2016: 447-452.